此书献给我最爱的妻子汪梦诗以及我的天使朱亦筱。

愿她长大后与我一样，热爱自然。

森林密语

朱卓青 著

宁波出版社
NINGBO PUBLISHING HOUSE

图书在版编目（CIP）数据

森林密语 / 朱卓青著 . 一宁波：宁波出版社，
2019.10
（阅读自然中国）
ISBN 978-7-5526-3651-2

Ⅰ . ①森… Ⅱ . ①朱… Ⅲ . ①自然科学－普及读物
Ⅳ . ① N49

中国版本图书馆 CIP 数据核字（2019）第 215436 号

森 林 密 语

朱卓青 著

出版发行 宁波出版社
　　　　　（宁波市甬江大道 1 号宁波书城 8 号楼 6 楼　315040）
策　　划 陈　静　徐　飞
责任编辑 陈　静　徐　飞
装帧设计 马　力
责任校对 张利萍　朱璐艳
印　　刷 宁波白云印刷有限公司
开　　本 710 毫米 ×990 毫米　1/16
印　　张 13.5
字　　数 220 千
版　　次 2019 年 10 月第 1 版
　　　　　2019 年 10 月第 1 次印刷
标准书号 ISBN 978-7-5526-3651-2
定　　价 58.00 元

目 录

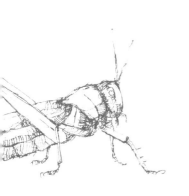

缘 起

一只螳螂，让我坠入了
与大自然的爱河之中。

深入观察自然，你
会对世间万物有更
好的理解。
——爱因斯坦

　　我有一位良师益友。他桀骜、随性、不拘，却又内
敛、仔细、专注。每当从异地归来，甚至来不及收拾行头，
他便放下书包，变戏法似的从那只经历了大风大浪的包
裹中拿出一只又一只"稀世珍宝"，放在桌子上小心翼
翼地摆开，给我讲每一只如宝石般精美的昆虫的来历。

　　大自然就是如此的迷人，不是吗？或许我们早就习
惯了在夏天听到来自树上的蝉鸣，但是当有一日它们飞
下来的时候，我们又会惊喜地抓住身边的朋友："你看！
那就是知了啊，第一次看见。"我们习惯于昆虫存在于
我们的周围，却又几乎从来不会仔细观察它们。

　　我出生在杭州。小时候的夏天，我经常去金华永康
的爷爷奶奶家。永康是一个小县城，爷爷家在顶楼，不
远处就可以看到大山和田野。在屋顶上，爷爷种了许多
丝瓜藤，于是经常会有一些小昆虫飞过来在丝瓜藤上安
家。爷爷经常把虫子抓来，放在一个自制的木质小笼子

里给我玩。在这些小昆虫中，我最喜欢的就是螳螂了。它大大的、绿绿的，两把"大刀"看上去非常威武。在五岁暑假的一天下午，爷爷给我抓了一只特别大的螳螂，现在想起来，应该是广斧螳的雌性成虫。可那时候，还是熊孩子的我并不懂得如何去珍惜一件自己喜爱的东西。

我竟把螳螂的后腿给拔了下来。

由于昆虫并不会因为失去一只足而死亡，螳螂只是挣扎了一下便恢复了冷静。我内心的小恶魔又开始作祟，它似乎控制着我。我残忍地一条一条地把这只可怜的螳螂的腿拔到只剩下一只中足，之后，我便离开了。傍晚，再次路过放着螳螂的小笼子时，我发现，还剩下一只足的它挂在笼子的侧面，扭过头来看着我。

那一瞬间，我好似被闪电击中一样，那也是一个五岁的小孩第一次拷问自己，为什么要做出如此残忍的事。以至于，就算过去二十多年，我还是会因为那一次的事感到非常内疚和自责。

所谓悲剧就是把一切美好的事物撕碎了给你看。
而我，亲自把自己最爱的昆虫给撕碎了。

从事物的另一面来看，我似乎又是幸运的，我在足够年幼的时候学到了如何去珍惜、爱护自己喜欢的事物。

上了小学之后，我记得堂姐给我写过一封信。信中写道，爷爷抓了一只很大的螳螂，他把螳螂养在笼子里，养了很久之后，螳螂产了三个卵。信中的文字不多，但是短短几句话，让我联想到爷爷每天在菜地里抓青虫喂螳螂吃以及最后大螳螂产下卵时的情形。当你喜欢一件事物，你就会着魔一样地想念着它。七岁的我暗暗地下决心，一定要学会饲养螳螂。尽管那时，我甚至没有亲自抓到过螳螂。

不过，事情很快就有了转机。小学一年级春游的时候，我有幸在杭州植物园抓到了第一只属于自己的螳螂。我清晰地记得那是一只褐色的静螳。那也是我第一次发现，原来螳螂并不是永远都和我想象中那样，如翡翠般碧绿。在那之后，我经常缠着我的母亲，要求去植物园抓螳螂，甚至在小学作文中，我还写了一首小小的打油诗："植物园里螳螂多，我去那里抓螳螂，抓的螳螂全归我，到了最后全死光。"不得不说，短短几句打油诗，写出了我当时对螳螂这个物种的喜爱以及不过关的饲养技术。秋天很快过去，我第一次有了讨厌冬天的想法。那时，我还不知道这样的想法会伴随我今后的日子。寒冷的空气抹去了公园中所有的绿色，也抹去了昆虫活动的痕迹。死气沉沉的野外意味着抓虫成为奢望。我不止一次地问我的父母，到底什么时候夏天才会到来。我的父母只是苦笑着摇头。看着桌子上撒满的画纸，几乎每一个角落都画满了螳螂，他们不禁疑惑："这孩子怎么就这么喜欢螳螂呢？"

　　春天终于来了，我却似等了好几个世纪。我的父母拗不过我，满足了我日日夜夜的请求，把我带到了植物园。和别的小朋友放风筝、捉迷藏不同，我只会自信地盯着草丛看，恨不得一下子抓到个大家伙。我的父亲看我趴着抓虫，或许觉得好玩，就用脚踢了我一下。在我翻滚的一刹那，还真的发现了两只非常小的螳螂。我依旧很清楚地记得，那是两只中华大刀螳。我开心地大吼大叫，似乎中了彩票一般。

中华大刀螳（*Tenodera sinensis*）是中国一种比较常见的大型螳螂。

那时候的我也不知道，这种发现螳螂的喜悦会驱使着我在今后的生活中做出改变。

两只小螳螂被带回了家。我兴高采烈地用塑料给它们做了两个小盒子，几乎一有时间就趴在桌子上盯着它们看。家里的米蛾成了它们唯一的食物。也许是凑巧，米蛾非常适合作为小螳螂的食物。每当我把小飞蛾放进盒子里，小螳螂就会飞快地靠近，抓住小蛾子迅速吃掉。一次次，我甚至觉得看它们进食，比我自己吃饭还要享受。

由于对螳螂非常痴迷，我每天都要滔滔不绝地讲自己和螳螂的故事。很快，学校里的人都给我取了外号，叫"螳螂"。渐渐地，我也不满足于螳螂，而是对昆虫，对整个自然都产生了浓厚的兴趣。当别的孩子打开电视机寻找动画片的时候，我则是寻找探索频道、国家地理纪录片，甚至是中央七套的农业节目。任何关于森林、关于动物、关于自然的节目，我几乎一个不落。当年很多电视台转播国外探索频道的时间在半夜，作为一个起床困难户的我甚至会半夜悄悄爬起来摸黑看电视。

三年级时，母亲给我办了一张杭州图书馆的借阅证。其实我并不是特别喜欢读书的孩子，然而关于昆虫的每一本书，我都愿意甚至非常渴望去阅读。图书馆阅览室中几乎所有关于昆虫和自然的书本我都从头到尾地读了个遍。有些书被我借回家之后反复阅读到不肯归还。

记得中考前的最后一天下午，我实在无心复习。看出我的心思的父母自然明白如何缓解我的焦虑，于是提出带我去植物园捉螳螂放松一下。我已经忘记那个下午我抓到了什么，我的印象里有明媚的阳光照在植物园翠绿的草坪上。当然，那也是我父母陪着我捉螳螂的最后一个下午。

中考结束之后，我有幸被选中前往新加坡读书。这是一个在东南亚的有着温暖气候的美丽国家。我幼年时读的众多的书本里有许许多多的奇异生物，它们都来自东南亚，所以我对东南亚无比向往。我终于来到了一个梦想的地方。新加坡的学习虽然繁忙，但是我总会想办法抽出时间，独自一人来到位于中央自然保护区的武吉知马热带雨林中，一待就是一整天。虽然那时候的我和现在比起来，并不算非常擅长寻找各类昆虫，但是在丛林中的感觉永远是我最喜欢和热爱的。许多时候，我并不奢求从自然界中索取什么，更多的只是让自己沉浸在丛林里。

初入螳螂摄影

2012年，面临大学申请季的我做出了前往美国的决定，尽管在那之后的日子里我无数次怀念在新加坡的岁月。但是向往着自由、向往着新的挑战的我，依旧离开了新加坡这个小国。

在出发前往美国之前，我在网上搜索着各种关于在美国购买、饲养螳螂的网站。当我来到美国之后，挑房子的第一考虑便是有足够的空间让我饲养螳螂。

房东是一个女孩，而且非常害怕虫子，但是我依旧顶风作案，在我自己的卧室内偷偷地饲养螳螂。小小的房间里，我饲养了上百只螳螂，其中不乏一些非常稀有的品种。在不到二十平方米的房间内，除上学之外，我便在房间里照顾螳螂，并且观察它们的各种行为。在饲养螳螂的过程中，我萌发了把我所饲养的螳螂全

印度斧螳（*Hierodula membranacea*）（左图）是我在美国接触最早的螳螂品种。它的外形和国内的大型斧螳（右图）区别不大，身体翠绿色，看上去别有一番韵味。

雌性的成体黄花螳螂（*Helvia cardinalis*）是一种来自马来西亚热带雨林的拟态花朵的螳螂。

部记录下来的想法。也就是这一个想法，在今后的日子不断推动着我，让我成了一名生态摄影师。

十几年来，我也会对自己有这样的疑问：螳螂到底哪里吸引我？是帅气的外表，还是美丽的颜色，抑或是夸张的造型？

开始拍摄螳螂的时候，我只要单纯把螳螂拍得清楚便已满足。更多的时候，我在意的是能拍摄螳螂一些行为习性的瞬间。其中，我最喜欢的瞬间便是螳螂的蜕皮。蜕皮代表着螳螂的成长与新生。

昆虫与我们人类不一样。它们的外表皮也称外骨骼，由蜡质层和几丁质组成。外骨骼硬化之后便无法长大或者缩小。这和我们人类的皮肤不同。所以，它们需要一次一次地蜕去外骨骼才能够让新生的躯体生长。每一次蜕皮，昆虫都会修复之前躯体所受到的损伤。甚至失去的腿脚，也能在蜕皮的时候再长出来。

大多数螳螂每隔两个星期就需要进行一次蜕皮。蜕皮的前一两天，螳螂会停止进食。这个时候，它们的身体会慢慢软化，只有足够柔软，才可以从旧的外壳中钻出来。快要蜕皮的螳螂会选择一个相对的高处，接下来才是它真正的"艺术时间"。螳螂有时候在一片树叶的背面，有时候选择几根细细的枝杈上，有时候也会在一朵花瓣的下方。当它选好了合适的位置之后，它的中后足会紧紧地钩住攀爬物。因为在之后的蜕皮过程中，它全身的重量都需要这四个小小的钩子来承受。在新的躯体离开时，旧壳虽然已无生机，却依旧需要悬挂支撑着螳螂。这样一来，螳螂会花很长的时间来选择、调整所倒挂的地方与姿势就不奇怪了。因为如果在蜕皮的过程中从悬挂的地方掉落，新的身体没有办法舒展，硬化之后的外骨骼就会畸形，严重的甚至会使身体卡在旧壳中无法脱离，直到死去。

螳螂蜕皮的过程，更多像是从褶皱的旧衣服中挣脱出来一样。开始的时候，螳螂的前胸背板的沟后区和后胸的背上的旧外骨骼开始破裂。从破裂的缝隙中，新的躯体就如揉成一团的压缩毛巾一样

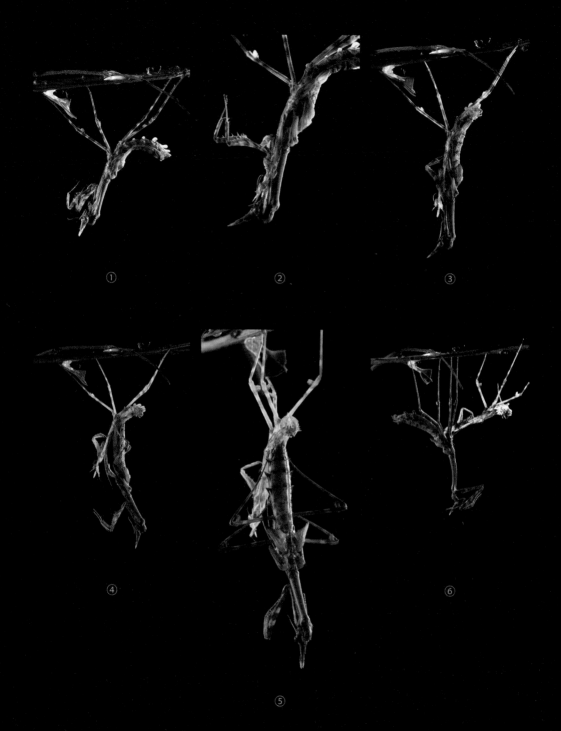

①　　　　　　②　　　　　　③

④　　　　　　⑤　　　　　　⑥

锥头螳螂的羽化过程。

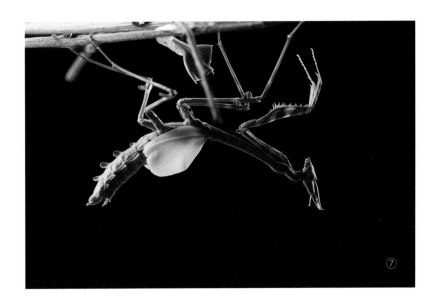

⑦

缓缓挤出。在这个过程中，螳螂的全身都变得非常柔软，甚至包括即将被其蜕下来的，曾经非常坚硬的外骨骼，在螳螂体液的浸润下，柔软得像薄纱一样。旧壳会很快变硬，所以螳螂需要在这一段时间内抓紧脱离。观察它蜕变的过程，似乎见证着一位正在殊死挣扎的行为艺术家的神奇表演。

螳螂的四肢，或许在这里我应该称为六肢，非常纤细。在 2007 年的时候有一个日本综艺节目，主要讲述节肢动物中的各种擂台单挑。螳螂作为昆虫界的顶级杀手，在地面上与其他昆虫面对面的较量中却经常吃瘪。这是因为螳螂的身体非常纤细柔软，并且没有很硬的盔甲。所以，在蜕皮的时候，螳螂的六肢与其说是从旧壳中蜕出，不如说是小心翼翼地从一根根细管子中抽出。在抽出的过程中，螳螂的足以一种奇特的角度弯曲。抽的过程不能太快，否则很容易撕裂；亦不能太慢，否则一旦身体在中途硬化，便会落得个终身残疾。这也就是螳螂喜欢在夜里蜕皮的原因。因为夜里的湿度较高，可以延缓外骨骼硬化的速度。

在蜕皮的过程中，螳螂对外界毫无抵抗能力，所以这也是螳螂一生中面临的最危险的时刻。一旦有蚂蚁，或者别的小型昆虫经过，

正在羽化的雄性幽灵螳螂（*Phyllocrania paradoxa*）。

螳螂就很有可能成为这些昆虫的美味佳肴。大约三十分钟之后，螳螂的六只足就全部从曾经的躯壳中脱离出来。这并不是蜕皮的结束，因为螳螂的腹部末端依旧粘连在旧皮里。这段时间内，螳螂需要等待自己新的躯体硬化。身体硬化的过程会持续三十分钟到两个小时，它取决于螳螂自身的体型大小。

　　一只螳螂的一生大约要经历 7—10 次的蜕皮，最后一次蜕皮被称为羽化。螳螂在这一次蜕皮时，会长出翅膀。

　　大多数螳螂的翅膀都足以覆盖其腹部，有些甚至要长出腹部较多。如此巨大的翅膀需要在若虫时期以翅芽的形态存在。在最后一次蜕皮接近尾声时，螳螂需要调转姿势，从原来的头部朝下转变为头部朝上。这样被揉成一团如毛巾一般的新翅膀，可以通过重力加上充沛的体液而缓缓舒展。翅膀舒展的过程往往需要持续几个小时。这个漫长的蜕皮过程，也让我有足够的时间去观察和思考螳螂的生长。

很快，我大规模饲养螳螂的事情还是被房东知道了。因为有一天，我网购了几千只蟋蟀，准备为即将来到的冬天囤一点"口粮"，而热心的商家用了 FedEx 快递中最贵的活体邮寄方式来邮寄蟋蟀，整个包裹还用网纱网住，以做到透气。直到今天，我依旧记得那天上课的时候，接到房东尖叫着打来的电话。原来，包裹是她帮我签收的。

　　虽然房东并没有逼着我离开，但是我依旧感到非常抱歉。因为我能看得出来，她非常非常害怕昆虫。于是，我主动提出了搬离。

　　很快，我找到了一处一室一厅的小公寓，与世隔绝的我马上就把其中的一室变成了饲养螳螂的工作室。当然，饲养的螳螂多了之后，打理起来并不是一件容易的事。我每天必须花两个多小时来照顾所有的螳螂。对于自己热爱的事情，做得再多也不会累。有了工作室之后，我便开始探索拍摄螳螂使用的各类光源。之后的半年，我每天都在尝试不同的螳螂拍摄主题。

　　我最喜欢的，绝对要数兰花螳螂了。兰花螳螂以外表酷似花朵而闻名，主要分布于中南半岛、马来群岛等热带雨林中，我国的云南南部也有分布。在纪录片

兰花螳螂（*Hymenopus coronatus*）非常警觉。当感受到周围有物体靠近时，它们就会竖起脑袋观察靠近的物体。

一龄的兰花螳螂，黑红相间，酷似蚂蚁。

从二龄开始，"小兰花"就显出了"花朵"本色。而三龄之后，兰花螳螂则是一步步地变成真正的"花朵"。

雄性兰花螳螂的体型要比雌性兰花螳螂小很多，有些甚至只有雌性螳螂一半的大小。在交配时，雄性螳螂甚至会耐心地在雌性的背上停留数天。（这张摄影作品被刊登在《纽约时报》上）

中经常出现这样的镜头：一只莽撞的蜜蜂或者蝴蝶在花丛中飞舞，当它准备停留在其中一朵"兰花"上吸食花蜜的时候，一片花瓣突然伸出了锋利的钳子……这样的场景一次一次地出现在我的梦中。

成体之后，兰花螳螂的尾部被一条长长的纬纱覆盖着。它们的外翅远远长于身体，所以看上去似乎穿着一件白色的小礼服。

昆虫摄影上的突破给了我非常大的信心，在室内拍摄昆虫作品也渐渐地不再让我感到满足。

我知道，外面的世界有无穷无尽的生物等着我去发现和记录，大自然每天都上演着各种惊喜。那么，就让我们从这里起航，去探索大自然的杰作吧！

夜探天目山，
暴雨过后的山谷

台风过后，约上三两好友，
去天目山登顶探险吧。

　　杭州地区的昆虫爱好者是比较幸运的。杭州地处长江冲积平原和南部丘陵的交界处。向北，是一望无际的长江大平原；向南，黄山余脉、三清山余脉、武夷山余脉将浙江大地切割得纵横交错。繁多的山脉产生了不同的山地气候，这些不同的气候造就了丰富多样的物种。我从小就是一个熊孩子，穿梭于杭州的各个角落。但当别人逃学打游戏的时候，我宁愿找一片安静的丛林去寻找昆虫。

　　每年的夏天，浙江沿海地区都会受到台风的猛烈袭击，杭州也不例外。2014 年夏天，我和几个好友相约前往天目山进行一次夜观考察。虽然是杭州人，但我只在年幼时期去过一次天目山。这一天，台风将在晚上登陆宁波象山。我独自驱车前往杭州，以便第二天和几位好友会合。从宁波抵达杭州之后，我找了杭州城西的一处旅馆住下。暴雨不断地敲打着窗户，似乎在警告我，这样的天气不便出门寻找昆虫。顶着台风天气上山是一件比较危险的事情，尤其是这才下午时分，天色就已经如傍晚般昏暗了。

庆幸的是,第二天天气好转。台风过后,很多昆虫便出来活动了,这让我对即将到来的行程充满期待。

我认识张达旻已经很多年了,但从未在现实中见过他。他也是一个资深的昆虫爱好者,我和他相识源于多年前在网络上对于螳螂的探讨。在火车站的人群中,我老远就见到了人高马大的他。另外,小致与我早就会合多时。小致是一个执着于搜集所有昆虫标本的人。最后一名队员的小名叫骚骚,他还是一个孩子。我们这个仓促间组成的小部队,年龄跨度达到十几年,可见对于自然的热爱是不分年纪的。

会合之后,我们出发前往目的地——天目山。说到天目山,国内的昆虫爱好者对它并不陌生。作为北亚热带地区有名的山区之一(另外一处是秦岭),它最大的特点是冬暖夏凉,许多南方昆虫物种大都分布于此。天目山也算是黄山余脉,主峰的高度达一千五百米。行驶在前往山脚的乡间小路上,就已经是一种享受。我们离开大自然太久,见到周边的植被、灌木、小溪流,以及远处的大山,心中的压力与烦恼便得到了释放。

暴雨过后,天气并没有因此变得凉爽,随之而来的是灼人的热浪。白天虽然有色彩斑斓的蝴蝶,但不是好时机,对我们来说,晚上才是寻找昆虫的重要时刻。傍晚,山谷里的气温逐渐下降到23℃左右,非常凉爽。我们经过山谷里的村寨,一路向山上行驶,森林里的鸣虫们开始表演起大合唱。

下车后,我们徒步行走在漆黑的山路上,不断有各类螽斯从两边跳到路中间来。夜间是这些昆虫活跃的时候,有些螽斯会摩擦自己翅膀上的发声器,发出声音来吸引异性。由于温度降低,空气中的相对湿度增加,白天干燥的石头路在夜晚变得湿滑无比,稍有不慎就会踩空滑落。很多人觉得在夜晚徒步是一件比较危险的事情,小心谨慎则可以避免危险的发生。但即使再小心,也会出现一些小意外。路过一片林子时,我一抬手,突然发现手掌上有一根黑褐色的物体。当时我并未多想,而是一把将其拔开掸掉,但是这黑色物体离开我手掌的瞬间,我感到了一阵剧痛。一看,手上的一处皮被

比尔拟库螽（*Pseudokuzicus pieli*）是山里的常客，海拔八百米以上的山林中总能见到它们的身影。无论是草丛中，还是树皮上，仿佛它们才是这里的主人。

糜螽（*Pteranobropsis sp.*）在平原地区不多见。在山区，它算是优势物种之一了。这只糜螽长达 6 厘米，显然是个大家伙。

撕裂开来，鲜血不断地往外流。蚂蟥，没错。森林里生活着很多旱蚂蟥（山蛭）。它们并不生活在水中，而是在陆地上，平时就好像一根枯树枝一样站立在半人高的叶子上。它们会伸长身体，感受空气中二氧化碳的变化，一旦发现猎物，就会把自己弹起来，"跳"到猎物身上。由于它们的身体非常轻盈，猎物一般不会发现它们降落在身上。这个时候，它们就会敏锐地去寻找可以吸血的皮肤。它们的口器中有小小的牙齿，咬破皮肤之后还会分泌化学物质使被吸血的猎物无法察觉。所以，直到我抬起手才发现已经被它吸了好一会儿，而且我还为不经辨认就快速拔掉它付出了小小的代价。

半翅目（Hemiptera）是我在野外最不愿意看到的昆虫之一，因为其中显角亚目（Gymnocerata）中有太多非臭即毒的各种蝽类，也就是我们平常所说的"臭大姐"。一旦受到刺激，它们会发出非常刺鼻的臭味，一旦沾到我们的手上，可谓"遗臭万年"，怎么也洗不掉。这只真猎蝽亚科的家伙就是如此。我并不想用我的皮肤去以身试法，于是便选择拍完照之后躲得远远的。

蜚蠊目（Blattodea），俗称蟑螂，在地球上生活了 2 亿多年。虽然我们对它的认知依旧停留在厨房和厕所的捣蛋惯犯上，不过在野外，蟑螂其实并不属于很脏的昆虫。它比我们大多数人的手都要干净得多。

蜢（*Caelifera*），俗称蝗虫。夜间的蝗虫处于睡眠中，就算靠得很近，它们也不会发觉。但在白天，要靠近一只蝗虫可不是一件容易的事。它们的复眼总能观测到来自各个方位的威胁，强壮的后足可以帮助它们迅速跳离我们的视线。

"以前在海南岛尖峰岭采集的时候，见到的蚂蟥比这里多太多了。"小致说完，拿出一瓶药水，往我的伤口上喷了喷。药水马上凝结成一团，把流着血的伤口堵上了。

小时候和父母去山里玩的时候，经常看到路边的低矮灌木上有一只只好似失去了灵魂的空壳。这些空壳稀稀拉拉地挂在树枝上、树干上，有时也会被拿来入药。空壳的主人便是蝉，也就是我们熟悉的知了。蝉的若虫（非完全变态昆虫的幼体）会在地下生活两年，当然有些种类的蝉会在地下生活得更久，比如大名鼎鼎的美国周期蝉会在地下生活十一年、十三年甚至十七年之久。若虫时期的蝉会以大树或者其他植物的根茎中的汁液为食。它们小小的头部有一根尖尖的针，可以刺入植物的根茎中吸取其中的液体。初夏，已经发育成熟的若虫会蓄势待发，在傍晚陆陆续续地从土里钻出来。蝉的若虫有着强壮的前足，可以钻破比较坚硬的土地。钻出土壤之后，它就顺着植物的枝干爬到相对地面一两米的高度。这个时候就是大自然中最美丽的羽化时分了。羽化开始时，蝉的背部开始破裂，随后雪白的肉体便从这里钻出来。新的躯体不断地挣脱束缚着它的外衣，晶莹剔透的表面就如宝石一般。在山里雾气的衬托之下，这一仪式变得格外神圣。几乎每一棵树的树干上都有若干新蝉，有的刚从土里出来，跃跃欲试，准备迈向新的篇章，有些已经完成仪式整装待发。刚刚羽化完成的蝉，处于一生中最危险的阶段。因为这个时候的它们身体柔软，毫无保护自己的能力，而危险也许就在附近伺机而动。

灶马，这个和人类活动息息相关的昆虫主要出现在一些农村地区的厨房和厕所。它们喜欢潮湿的环境，所以这类潮湿且堆放各种杂物的地方成了灶马最喜欢的去处。灶马的学名叫突灶螽，属于直翅目的驼螽科（Rhaphidophoridae）昆虫。在野外，灶马喜欢生活在林下的环境，因为林下足够阴暗，夜间也相对潮湿。很不巧的是，这些区域也是蝉羽化的集中区域。蝉刚刚羽化完成，灶马就盯上它了。灶马并不是悄悄地接近这些蝉，而是大摇大摆地爬上去，抓住一只蝉就开始啃食。场面看上去有点残忍，但这正是大自然最真实的呈现。猎物与捕食者之间永远没有同情可言。

充满杀机的丛林里，可怜的蝉被晚上出来觅食的灶马逮了个正着。

刘氏白环蛇（*Lycodon liuchengchaoi*）受到了惊吓，站起来威慑我们。

见证了蝉的华丽蜕变之后，我们继续向山上赶路。接近午夜时分，气温下降得特别快。经过几个小时的徒步以及白天的折腾，大家都有一点疲倦。"快看，一条蛇！"突然，张达旻喊了一声。原来，他在一条水沟边上发现了一条很小的白环蛇。在野外发现蛇总是能刺激我们的肾上腺激素分泌。蛇一直都是非常迷人的动物，这一条小蛇因为灯光照射而受到了惊吓。大多数蛇都会选择逃跑，而它可能自知被我们包围了，索性把身体竖了起来，想让自己看上去更大一些。

山路上，随处可见小螽斯，这些螽斯是华绿螽属（*Sinochlora*）的昆虫。

山野的石道上有很多爬行着的"小蜘蛛"，它们的脚如女孩子的大长腿一样修长，这些小家伙叫盲蛛。尽管很多人把它们当成蜘蛛，但实际上并不是蜘蛛，它们是蛛形纲中盲蛛目节肢动物。它们喜欢生活在林下阴暗的环境，并且具有一定的捕食能力。在山路的两侧，它们总是悠闲地站立在各种叶面上。

　　真正的蜘蛛要大很多。这只圆颚蛛科下的刺胫蛛确实块头不小，并且它还叼着一只猎物不肯放。我小心翼翼地靠近，给它拍摄了一张特写，便不再打搅它享用美餐了。

盲蛛（Opiliones）。

刺胫蛛（*Spinipalpus sp.*）正抓着猎物。

在路过龙王庙之后，有几只叶片上的竹节虫引起了我的注意。印象中，竹节虫通常都是细细长长的，其实不然，也有很多竹节虫属于短胖型的。

这两只新棘䗛（*Neohirasea sp.*）处于如此高的海拔处，想必有着特殊的防寒技能吧。

食蚜蝇（*Syrphidae*）外表看上去像蜜蜂，可不要被它骗了。

蟋螽（*Gryllacridoidae*），林下常见的昆虫。它的口器非常有力，能够咬破树枝，常把卵产在树枝里。

华绿螽（*Sinoclora sp.*）正在产卵。

覆翅螽（*Tegra novaehollandiae viridinotata*）受到了惊吓，惊恐地张开翅膀，好让自己显得更大一点。

翘着屁股摇摇晃晃的螳螂大多数是斧螳属（*Hierodula sp.*）的成员。这是一只路边的中华斧螳若虫。

不一会儿，我们看到了一棵参天大树，这棵树的树干足足有三个人环抱那么粗。靠近这棵大树时我们闻到了空气中有酸酸的味道，再看树上，原来是树的汁液顺着树洞流了出来，而在这些"伤口"上，聚集着许多甲虫。

天牛是小时候常见的昆虫。记得在春末夏初的时候，调皮的男生们总会抓来天牛，然后拿着互相决斗。天牛有非常强劲的大颚，足以咬穿树皮。有意思的是，树皮被咬穿之后，伤口流出的汁液会成为其

正在羽化成体的中华斧螳。

云斑白条天牛（*Batocera lineolata*）的正脸如高达模型一般。

中华大扁锹（*Dorcus titanus platymelus*）。

肥角锹（*Aegus sp.*）。

他昆虫的美食，比如锹甲和独角仙。它们不会拒绝这样免费的美味佳肴，纷纷飞来抢食。

独角仙也是这儿的常客。它们大摇大摆地在树上爬行，体型上的优势可以让它们轻松地赶走其他抢食的昆虫。只有中华大扁锹没那么怕它。这是一种有着童年回忆的昆虫。它们巨大的犄角无时无刻不在向我们展示着强壮的身躯。在日本文化中，人们认为这种昆虫的头部很像日本武士的兜，于是"兜虫"的名字也就叫开了。独角仙属于犀金龟昆虫，这一类昆虫竟都被赋予了"兜虫"之名。独角仙的力气非常大。小时候，如果两只雄性的独角仙落入熊孩子之手，双方一番决斗在所难免。而独角仙之间的决斗，绝对不是人类诱导

独角仙（*Trypoxylus dichotomus*）。

25

中华大刀螳若虫。这只中华大刀螳已经迫不及待地在边上安营扎寨，等着捕捉飞舞的蝴蝶。

的结果，在野外，雄性独角仙之间也会为了争夺食物而大打出手。

只要有大量昆虫的地方，螳螂就会悄然而至。虽然它们更喜欢守株待兔，但是从种群整体上会逐渐移向昆虫多的区域。

当我们走到山顶支起灯，已是半夜时分。灯诱是比较常见的采集昆虫的方式。在野外，许多昆虫的夜间活动都靠天上的月光来导航。出现了人类的灯光之后，平行光变成了从附近的点光源发出的发散光。为了保持与光线的固定角度，昆虫不得不随时调整自己的飞行轨迹，最后越来越接近点光源。在我们点起高压汞灯之后，强烈的光马上就吸引了周围的昆虫，其中也不乏一些比较常见的大型甲虫。

和独角仙一起飞来的，还有锹形虫。锹形虫也是甲虫格斗界的一把好手。和独角仙不一样的是，锹甲有着一把剪刀似的武器，所以也有人称其为夹夹虫。大型的锹甲，比如中华大扁锹，可以长到8厘米。如果你被它巨大的夹子夹一下，有可能会严重到出血。

后半夜的气温不断下降，穿着短袖的我们早已瑟瑟发抖。上山时，

红腿刀锹（*Dorcus rubrofemoratus*）雄性成体。

幸运深山锹（*Lucanus fortunei*）的雌性没有长长的钳子。

为了减轻包裹的重量，我们没有携带多余的衣服，这时为了御寒只能围着灯诱的灯布和灯不断地来回跑。

灯诱周围的昆虫非常多，多到可以按斤来计算的地步。

由于时间关系，灯诱只持续了几个小时。接近清晨时分，收拾好工具之后，我们便准备下山。由于大量的水汽弥漫，下山的路已经变得比上山时更加湿滑。大家一路上很少说话，只想着赶快到车上好好地躺着睡一会儿。天色开始泛白，疲惫不堪的我们在车上躺了一会儿，便准备驱车前往下一个采集地点，也就是福建的武夷山。不过在下山的过程中，发生了一个有意思的小插曲。在马路的正中

萤叶甲（*Pyrrhalta sp.*）会感谢灯光让它们夫妻相遇吧。

竹蝉喜欢在白天活动，但夜间也会被灯光吸引。

这是一条特别的五步蛇。大多数五步蛇的体色灰暗，但这条五步蛇的体色非常高白。它一动不动地盘在路中央，如果不是车开得慢，很可能它就被碾压了。我们将其赶入马路边的水渠，看它缓缓地游进了树丛里。

间，我们发现了一条正在休息的尖吻蝮，也就是大名鼎鼎的五步蛇。说到五步蛇，很多人肯定会根据它的名字联想到，"被咬的人走不出五步就会毒发身亡"。用这个说法来描述五步蛇的毒性一点也不夸张。五步蛇属于比较大型的蛇类，成体可以长到一米多，再加上其强壮的身体，危险程度比许多蛇都要高不少。五步蛇的毒素属于血液循环毒素，这种毒素会造成细胞快速地坏死，大型的五步蛇射毒量大，可以致命。

山谷里，台风过后的凉爽伴随着日出的温暖，令我们心情愉悦。天目山，这颗华东地区璀璨的明珠，拥有太多太多大自然的美妙生灵。我只恨于此的时间太短太短，短到我还未看清天目山的全貌就要匆匆离开。但是我知道，我终会回到这里，也许是某个夏日的周末，也许约上三两好友。"走，我们去天目山转转。"

武夷丹霞,
云雾里寻树皮图腾

传说中,在布满地衣的树皮上,
有一种螳螂隐身于此。

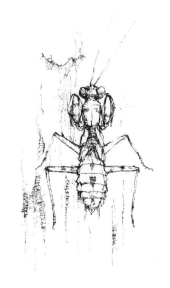

　　离开了天目山,我们稍作休息就准备前往福建的武夷山。

　　作为中国靠近南部物种最丰富的山脉,它在我心中的地位丝毫不亚于号称分割中国南北地理分界线的秦岭山脉。在这一片山区中,有很多昆虫开始以若虫的形态越冬,所以在七月份这个节点,可以在武夷山见到很多前一年存活下来的昆虫,以及当年刚出生的下一代。

　　从杭州前往武夷山的车程大约四五个小时。一路上,我们早就忘记了几个小时前才狼狈地冒着寒冷从天目山仙人顶下来。我们进入江西上饶之后,和另一位好友小鱼会合了。小鱼于我,亦师亦友,他是《中国螳螂》一书的作者,也是我野外采集路上的导师。

　　武夷山位于江西省和福建省的交界处。山脉的西北侧地处江西境内,山脉的东南侧就是福建了。从东南亚飘来的雨水日复一日地冲刷着武夷山的东南地区,造就了典型的丹霞地貌。我们从江西一段一鼓作气开到了接近山顶的保护区。这里云雾缭绕,比山下凉快得多,穿着短袖的我们感受到一股凉意。

屏顶螳是国内一种非常特殊的螳螂。与大众所知的螳螂形象不同的是，它们的头顶好似顶着一块高高耸立的牌匾，特别有趣。我们这次行程的目的，便是希望在自然的环境中见到这种神秘的螳螂。雄性屏顶螳翅膀较长，善于飞翔。晚上，屏顶螳被灯光吸引，很容易被我们发现。但是雌性屏顶螳看上去不会被灯光吸引，其实那是因为它身材比较肥大，飞行能力相当有限，甚至只能进行短距离的跳跃。多年来，寻找原生环境中的屏顶螳是许多昆虫爱好者的心愿。对我们来说也是。在原生环境中找到屏顶螳，有助于我们更好地了解它在野外的生活习性。

　　武夷山的村民非常淳朴，他们热情地招待我们，并且给我们泡上了当地上好的茶叶。当地村民主要以茶叶种植为生，在高山多雾多雨的环境中，茶叶长得特别好。武夷山茶在中国茶叶品类中有着举足轻重的地位。

　　下午，我们好好地补了个觉。晚上需要进行高强度的野外徒步，白天休息是必需的。武夷山山顶的保护区海拔达一千多米。有了在海拔一千五百米的天目山仙人顶徒步的经验之后，这次我们不敢大意，全都在夜间穿好了外套。山间的溪流边有不少蛙类，这些蛙主要以花臭蛙为主。花臭蛙的分布主要集中在江西、浙江、湖北等省份。当然，蛙类多了，猎食者也会紧随而至。竹叶青就是其中

福建竹叶青（*Trimeresurus stejnegeri*）
的幼体，主要分布在溪流的周边。

之一。

　　说到竹叶青蛇，很多人并不陌生。这种蛇几乎遍布中国南方地区，翠绿的体色可以让它们和自然完美地融合，也很好地保护了它们。竹叶青是一种比较典型的毒蛇，它属于蝰蛇亚科中的一员，毒素为血液循环毒素。虽然我们见到的大多数是小型竹叶青，但丝毫不能大意。在山区里，如果被毒蛇咬了，前往最近的医院也需要数个小时。这样的意外是任何一个出行野外的人都不愿意遇到的。所以，我小心翼翼地给其中一条相对安静的竹叶青拍了照之后便悄悄地离开了。晚上，它似乎能捕到满意的猎物。

　　当然，翠绿的蛇也不只是竹叶青一种。在告别小竹叶青没多久，我就发现了另外一条翠绿的蛇，叫翠青蛇。

　　翠青蛇的体型大多和竹叶青差不多，常在黄昏和清晨活动，捕食的猎物也比较特殊，以蚯蚓为主。深夜，翠青蛇会睡在灌木或小树上。

　　对节肢动物不了解的朋友们肯定觉得，这一类昆虫中，出现"外

这条翠青蛇（*Cyclophiops major*）显然被我打搅了美梦，清醒之后便缓缓地游向了附近的树林。

蚰蜒（Scutigeridae）看上去非常可怕。

姬蠊（Blattellidae）依旧是树林里的常客。

星生物"的概率实在是太高了。蚰蜒便是其中一种。蚰蜒长得让人毛骨悚然，身上长满了足，而且跑得特别快。蚰蜒在野外主要捕食小型昆虫，并不会主动攻击人类。不过即使对于野外经验丰富的我来说，拍摄时也要小心翼翼，毕竟谁也不想它忽然顺着相机爬到你身上。

回到旅馆，已是后半夜。我们出发前架好的灯诱布上，早已爬满了蛾子。飞蛾是典型的夜行性动物，上灯的大多数生物就是它们。不过我对幺蛾子们的兴趣，总是比不过各类甲虫。

也许造物主在创造飞蛾的时候喝了一壶酒，于是千变万化的幺蛾子就飞了出来。

寻找屏顶螳一直是我们的首要目标。不过在徒步半个晚上后，我们仍然一无所获。灯上没有出现螳螂，很可能意味着前一批屏顶螳已经寿终正寝，而新的一批尚且孵化不久。这就意味着搜寻的难度进一步增加。在野外，刚孵化的螳螂会更加活跃。它们会爬向高处，因为高处有飞虫，食物充足。对我们来说，站在两米以上的灌木上的若虫就非常难用肉眼发现了。

接近午夜，开始降雾，空气中湿度已经饱和，飘扬的水汽阻挡着我们的视线，看到几米之外的东西都非常困难。我们不得不放慢脚步，小心翼翼地检查每一棵能看清楚的灌木。突然，在一棵茶树的树顶上，有一只小家伙引起了我的注意。

我爬上斜坡，靠近那棵茶树。果然，在一片嫩叶上挂着的这个小精灵，居然真的是我梦寐以求的屏顶螳。

这只小屏顶螳大约在孵化后一个月，只有三龄。如此小的龄数也就意味着附近还有大量的种群分布。所以，我们马上把书包、相机等重物放下，继续在附近搜寻。果然，我们在茶树上找到了很多小屏顶螳，且大多是孵化不久的个体。

能在茶树上找到螳螂，大大地降低了我们采集的精力成本。我们发现茶树上不单有螳螂，其他的小昆虫也特别多，比如螽斯。

夜间，大量的昆虫进行蜕皮和羽化，黑夜给了它们最好的庇护。在茶树林中行走，随处可见正在进行蜕变的昆虫。

茶树林也不是无缘无故就会出现很多昆虫。首先，这里大多数是依山而建的古老的茶园，类似野外的次生林环境。这种低矮的灌木和茶树开的花吸引了大量昆虫。有了茶树的保护，树底下的各种草本植物也生长得较为旺盛，给昆虫提供了完美的乐园。

后半夜，气温下降到穿着单件外套都觉得寒冷时，我们便回到了住处。经历

翡螽，如其名，翡翠色的螽斯。拟叶螽的一种，身体以扁平贴着叶面的方式来拟态。一旦感受到附近的危险，它会更加尽力地贴着叶面，非常有趣。尽管它的拟态技术炉火纯青，但还是逃不过我们的眼睛。拍摄的时候，翡螽由于紧张，更加一动不动，堪称完美的模特。

正在羽化的露螽（Phaneropteridae）。

了长时间的奔波，大家早已精疲力竭，又或许带着对之后几天徒步探险的期待，在聊天声中陆续睡去。

或许是开车的缘故，我比队员们更加疲劳一点，所以，当我睁开眼睛时，窗外早已晴空万里，队员们都已吃完早饭在等我了。不过经过一晚上的休整，我们又变得精力满满。

我们前往武夷山的福建区域。翻过垭口后，眼前出现的多为热带植被，各种大型的榕树和古老的茶园交错排列。我们在半山腰的客栈安顿好行李，便迫不及待地往山里走去。

在武夷山的这片区域，还有一种同样令我们着迷的螳螂。在世界上两千多种螳螂中，大多数螳螂都喜欢倒挂在植被上，但是有一些少数种类的螳螂却更喜欢站立，或者严格地说，它们喜欢趴着。

之前，武夷山游客发现过一只趴在树上的、几乎和树皮融为一体的昆虫，我们知道，那是一只树皮螳螂。

相比屏顶螳螂，树皮螳螂更加难以寻找，因为从拟态的角度来讲，它们和环境的相似度实在是太高了。不过，这并不能阻挡我们寻找的脚步。

在山地环境中，许多树干都长满了地衣。地衣并不是植物，而是真菌和藻类以及部分其他光合生物的一种共生体。真菌为其中的藻类提供保护，藻类为外部的真菌提供养分，这是一种互惠互利的生命体。地衣一般都需要湿度比较大的环境，因为干燥和暴晒会轻而易举地摧毁外部真菌而杀死里面的藻类。大多数当地的地衣都呈现灰白偏绿的外表和黑色的下层。

树皮螳螂很好地利用了这一点：它们背部的花纹和地衣几乎一模一样，而正面又是黑色的。所以当树皮螳螂爬行在充满地衣的树干上时，除非它移动，否则几乎难以发现。

除了一些发育不良和嵌合体之类的昆虫，大多数昆虫个体都左右对称，树皮螳螂也不例外。它们左右对称的外观是寻找它们最好的方法。

我们围着布满地衣的几棵大树仔细观察，专注的神情颇为有趣，路边的行人对我们的行为纷纷表示不解。

"有一只！"第一个发现的是小鱼。多年的野外经验练就了他如同扫描机器一般的眼睛。我们跑过去顺着他目光的方向看，果然找到了一只小型的树皮螳螂。它正趴在一块很大的地衣上。如果不是对称的花纹，我们真的很难发现它。

找到了第一只后，我们信心倍增。不出所料，我们又在附近的小树上陆陆续续地发现了若干树皮螳螂。这种螳螂由昆虫学家杨集

七刺闽螳属于石纹螳属（*Humbertiella*）。

昆首次发现，命名为"七刺闪螳"。而实际上，这种螳螂是石纹螳属的一个地域性亚种。

　　不过，发现树皮螳螂并不意味着就可以轻松地抓住它。树皮螳螂的移动速度非常快，强壮的中后足可以让它在布满苔藓和地衣的树皮上飞速移动。别看发现它的时候它一动不动，当你靠近时，它那双巨大的复眼早就感受到了危险。一眨眼的工夫，它能迅速绕到树干的侧面甚至后面。如果你没有看到它移动的瞬间，就很有可能失去对它的追踪，不得不重新寻找。有过几次差点儿跟丢的经历后，我们终于学会了如何小心翼翼地去接近它们。树皮螳螂的迷人之处不单单是它们近乎完美的拟态，更主要的是它们以一种匪夷所思的平面化动作趴在树皮的正面和侧面。一旦感觉到危险靠近，它们会更加贴近树皮。这样一来，即使我们从侧面观察树皮上的凹凸，也很难发现它们的踪迹。这样富有挑战性的采集方式，不断地激起我们寻找的动力。

　　武夷山因为地势的原因，山谷里经常弥漫着浓雾，宛如仙境一般。夏日午后，植物经过一上午的蒸腾，聚集的水汽便在山谷中以雨水

的形式降落下来。在山谷中，老旧的民宅屋檐上，雨水不断顺着陈年的瓦片一滴一滴地落下来，落在布满青苔的石板上。被城市快节奏压抑已久的人们，都会选择在这个时候来到武夷山中，找一间民宿或一把躺椅，泡上一壶热茶，静静地享受大自然带来的宁静。

夜幕将要降临，我们准备再度出门。在更多的情况下，昆虫属于昼伏夜出的生物，因为白天尤其是上午太阳的暴晒会让各类昆虫迅速脱水，也因为夜间是鸟儿们睡觉的时候，昆虫更加愿意在这个黑色的舞台上演出。螳螂自然也是其中的主角之一。当我们路过山中的消防站时，发现庭院中长明的路灯已经如一把火，吸引大量的小昆虫前来聚会。

我们继续向山里行进。山路的一边是一条并不小的溪流。即使我们已经向山上走了不少路，边上的小溪听水声依旧比较湍急，水流较大。奔跑的水流让这片地方一直处于非常潮湿的状态。树干上

在一棵树的树皮上，一片奇特的花纹引起了我们的注意。在树皮上寻找昆虫可不是一件容易的事情，因为昆虫伪装得实在是太好了，比如这一只窗耳叶蝉（ *Ledra auditura* ）。它身上的花纹和苔藓的纹路几乎毫无差别，以至若不是我这样靠近，根本没有办法发现它。

布满了地衣和苔藓，还有各类的附生植物。偶尔会有一两只鼩鼱从路边蹿出来，仿佛向我们宣示着这里是它们的地盘。当然，我们也知道鼩鼱这种如同小老鼠一般的动物，最后终究会成为蛇类的夜宵。在溪流附近的灌木上，盘踞着许多福建竹叶青。这种蛇在夜晚非常容易被发现。竹叶青背部虽然是比较深色的绿色，但是它们的腹部却是另外一种风格的亮绿色。所以在夜晚灯光的照射下，竹叶青反而成为最容易被发现的毒蛇。而其他蛇类如尖吻蝮、矛头蝮则躲藏得很好。如果不是它们爬到路上，还真的很难被发现。在一片荒废的古老茶园中，我们发现了一只巨大的螳螂，是台湾斧螳的雌性成虫。它身上翠绿的体色在夜晚灯光的照射下格外显眼。它的眼睛在夜晚显出暗红的颜色，这是为了更好地去适应黑夜中稀少的光线。螳螂在夜晚并不会休息，它们随时准备着猎物的出现。

武夷山山区中也有蜱虫。这些可怕的小家伙会躲在一些靠近路边的灌木丛上，张开前足，感受空气中飘散过来的二氧化碳和别的生命体的气息。一旦它们锁定目标，就会顺着叶子爬上，甚至跳跃到目标物的身上吸血。蜱虫因为吸食不同宿主的血，体内会携带各种病毒。所以，我们在丛林里面每行走一段时间，都会互相检查各自的身上是否有蜱虫的踪迹。

溪流的声音随着海拔不断升高而变小，溪水顺着一块块布满苔藓的大石头从山上流下来，水花溅在溪流岸边，打湿的地方已经被藻类和苔藓占领，菖蒲、蕨类从石头缝里生长出来。头顶的树丛开始开阔起来，月光洒在山中的水雾上，好似仙境一般。再往远处望去，有着稀稀拉拉的几盏灯光，这便是山顶的小山村——挂墩了。

挂墩是世界生物模式标本产地，海拔大约一千五百米，即使在七月的夏天，这里也非常凉爽。山坡上的茶树，仿佛经历了数百年的生长，非常巨大。茶树的树干上，爬满了各种附生的藤蔓、苔藓和地衣。如此得天独厚的环境，难怪有许多动物的模式标本都来自这里。

台湾斧螳（*Hierodula formosana*）的雌性成虫。

中华原螳（*Anaxarcha sinensis*）喜欢站在叶子的正面以捕食小飞虫。到了晚上，它们会躲到叶子的背面。这时候还未深夜，它大摇大摆地站在叶子上。

丽棘蜥（*Acanthosaura lepidogaster*）很威武。它的头部上方有刺状突起。如果把它放大十倍，简直就是小恐龙。晚上，这只丽棘蜥趴在溪边上的小灌木上酣睡，被我的闪光灯照醒后，睁开眼睛惊恐地看着我。

武夷山中华蟾蜍（*Bufo gargarizans*）和天目山蟾蜍不同，它们的身体呈现出铁锈一般的红色，看上去略显特殊。

花臭蛙（*Odorrana schmackeri*）。

这只猫蛛相当不好惹。即使从侧面靠近，它还是张开前足警告我。

副缘螽（Parap-
syra sp.）在若虫
时期有漂亮的体
色。成体后它变
得更加翠绿了。

拟叶螽（Pseudo-
phyllinae）鼓起
的翅芽表明它即
将进入最后一次
蜕皮（羽化）。

路上，一片叶子挡住了我们的去路，再走近一看，原来是一只山地亚叶螽站在路中间。

　　当我们拿起它的时候，它突然就生气了，张开翅膀向我们示威。它透明的后翅上停留的一颗颗红色小点是一种寄生螨虫。这种螨虫喜欢寄生在直翅目等昆虫身上，但它们并不会吸取寄主太多的养分。大多数时间，螨虫和寄主能够相安无事地共存。

山地亚叶螽（*Orophyllus montanus*）有美丽的翅膀。

山地亚叶螽张开翅膀，做出威吓的动作。

睡眼惺忪的北草蜥（*Takydro-
mus septentrionalis*）。

这片腐烂的叶子其实是一只
覆翅螽。

晚上，在路边睡觉的中华虎甲
（*Cicindela chinensis*）让我得以
靠得足够近去观察它身上美丽
的花纹。

多变的天气是夏日的主题曲。

雨点毫无征兆地从天空落下来，阻碍了我们前进的步伐。岩石受到侵蚀形成的洞穴，成为我们的避雨之处。

我们一行五人，挤在洞穴中。持续地徒步让大家处于亢奋和紧张的状态，而一旦停下来，疲惫和怠倦又重新夺回我们身体的主导权。

在中华大地上，拥有如武夷山这样多样性生物的瑰宝，是我们的福气。转念一想，在城市化进程加速的今天，有多少这样的瑰宝被我们毁灭，又有多少这样的瑰宝，等待我们去发现呢？

在地球演化的早期，环境远比现在要恶劣得多。我们在呼吁保护地球，其实是在呼吁保护我们自己的未来。

黑暗中的天童山，
都市边的精灵

天童山就在宁波的城市周边，
这里充满着精彩。

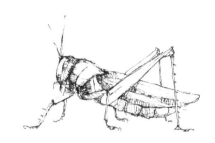

宁波地处华东丘陵的东部，四周群山环抱。天童山位于宁波东南。虽然它是一座城市周边不起眼的小山，但依旧蕴藏着丰富的自然瑰宝。

十年前，我在百度贴吧的螳螂吧中非常活跃，也有缘认识了一些好友，其中有一位名叫绿飞刀。我与家人谈论起他时，也以这个网名称呼。我母亲又给他取了一个亲切的名字——小飞刀。当然这很有可能是我母亲没有记住"绿"这个字而已。小飞刀在宁波开牙科诊所，而我也因为工作原因在宁波居住许久。他是我当时见面最多的网友。有空的时候，我们经常结伴去天童山国家森林公园寻找昆虫。

另一个朋友张达旻也是当年贴吧上认识的。我和他有好几年还作为吧主共同管理贴吧秩序和维护内容。

张达旻此行前来宁波就是为了一种螳螂。

这种螳螂，曾经的学名叫中华斧螳，但是真正的中华斧螳却又是原本华东地区被误认为勇斧螳的一种螳螂。这错误的认知居然持续了几十年之久。误认的中华斧螳正式被除去学名。因为它那富有特色的前足基节上的大黑斑标志，我们给它起了一个通俗易懂的名字——黑斑斧螳。

我、张达旻和绿飞刀来到天童山山脚下。这片区域，我们已经涉足无数次。从天童山山脚公园的后门进入，有一条沿着水沟的马路，马路的右边是一座无名的小山。

"我以前在这里见过原螳。"张达旻指着路边的一堆苎麻说。

"是吗？那我们找找呗。"在一片区域内，只要能找到一只螳螂，那就意味着在这里附近还有许多别的种群个体。螳螂并不是那种扩散性很强的昆虫，大多数螳螂可能一辈子就生活在一棵树上，从未去过别处。这与它们的习性有关。螳螂在大多数时间并不会随意地移动，而是静静地倒挂在一片树叶、一根树枝或者一朵花上，等待着路过的昆虫。

果不其然，我们很快在翠绿的叶子上看到了一只趴着的绿色小螳螂。

"看来今天的运气不错！"

小时候，棉蝗是一种很让人兴奋的昆虫，原因无他，只是因为它们实在是太大了。在北方，这种蝗虫被称为"蹬山倒"，意思是它们强壮的后腿可以一脚把山

黑斑斧螳（*Hierodula sp.*）前足基节上有黑斑。

原螳（*Anaxarcha sp.*）的若虫站在叶子上。

棉蝗（*Chondracris rosea*）雌性成虫体型巨大。

都给踢倒。棉蝗的后足上长满了列刺。如果哪个调皮捣蛋的家伙用手捏它，那么很可能会被扎得满手是血。

　　绿飞刀因为第二天还要上班，在夜幕降临之前，就退出了夜探的活动，只留下我和张达旻。

　　"你晚上决定住哪里呢？"我在小卖部买了一些水，递给他一瓶。

　　"不睡了吧，我打算在山里刷到明天早上，然后直接回上海了。"张达旻的回答并没有出乎我的意料。

　　"行，那我们直接通宵好了。"我向老板再要了两包泡面和一些饼干。

下午暴雨过后的青石板路上，一只彩色的昆虫引起了我的注意。这是一只松丽叩甲（*Campsosternus auratus*）。它那富有光泽的外壳犹如丛林中的宝石一般令人瞩目。

螳螂自大的性格产生了"螳臂当车"的典故。螳螂勇往直前的习性和强大的繁殖能力是它适应环境的本领。螳螂趁着大航海时代物种入侵的浪潮到达了整个北美洲大陆。

泽陆蛙（*Fejervarya multistriata*）并不是容易被发现的蛙类，因为它的身上拥有和环境融为一体的色彩和花纹。

说到色泽的比拼，绿罗花金龟（*Rhomborrhina unicolor*）也是当仁不让的竞争者。

入秋后，大多数的梨片蟋（*Truljalia hibinonis*）都已经蜕变完毕。成体的梨片蟋背部的翅膀非常整齐，好似一个讲究的少爷穿着一件大气的礼服。

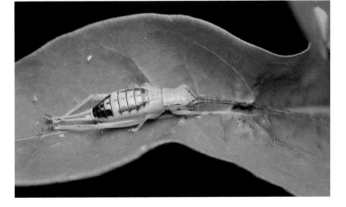

若虫时期的梨片蟋则显得不修边幅。此时，它们的身体颜色更加偏向黄色。

我们在路边的凉亭等着天黑。宁波的八月，酷暑还没有散去，空气中弥漫着闷热的气息，就连蝉的叫声听上去似乎也在抱怨着天气的炎热。天童山山脚的入口处，售票人员就快下班了。

"你们晚上上山小心毒蛇，我们这里毒蛇很多的。"售票阿姨离开前嘱咐我们。

我们自然知道，在山里一旦被毒蛇咬上一口，那可不是开玩笑的事情。

上山的道路是一条木栈道。我一直觉得，在山里做木栈道可真是便宜那些白蚁了。当然，事实也是如此。由于常年潮湿，木头都变得非常松软，稍有不慎就可能踩空坠落，所以我们上山都格外小心。

木栈道的长度并不长。大概走了一个小时后，上山腰间的平台的道路由木栈道转成了青石板路。

"你会下棋吗？"我看着平台上的象棋棋谱问张达旻。

"会，但是不强，有时间练习下棋，都可以抓很多虫子了。"看来张达旻是个不折不扣的虫痴。

平台上有几棵樟木，树干上爬着几只迷你的锹甲。

"这是肥角锹。"我们把它拿下来仔细端详。这种锹甲，身长只

肥角锹喜欢躲在大树的小树洞中。

中华虎甲（*Cicindela chinensis*）。

泥圆翅锹（*Neolucanus nitidus*）。

幸运深山锹（*Lucanus fortunei*）。

有几厘米，在很多甲虫搜集者的心里，除非遇到形状特殊，大都对它们并不感兴趣。

过了平台，上山的台阶变得非常陡，以至于我们每走一段路，都需要停下来喘几口气缓一缓。

"昆虫睡觉吗？"

这是我小时候就有的疑问。尽管我没有真正去探究过这个问题，但是从多年的夜探活动经验来看，答案显然是肯定的。

中华虎甲，白天它们会停留在路中间，当你靠近之后，它们会起飞，然后又在不远处停下来，好似挑衅一样。如果不用网兜，你是永远也追不上它的。发达的复眼给了这些五彩斑斓的甲虫非同寻常的视力。它们总能提前发现想要靠近的生物，拍拍翅膀，飞到我们刚好够不到的地方。

但是在夜晚，情形就不一样了。

在路边，我们很容易就能找到抱着草睡觉的中华虎甲，这也给了我拍摄的绝佳机会。

秋天到了，甲虫的活动性变低了很多。泥圆翅锹和幸运深山锹的母虫，更像是为悼念离去的男同志们而爬到了山路中间。跟随它们而来的，自然还有"癞蛤蟆"——中

少棘蜈蚣（*Scolopendra subspinipes mutilans*）。

华蟾蜍。它们笨重的身躯在这个快速变化的自然界中又是另一种风格的存在了。

　　在山路的石壁上，偶尔能看到几只蹼趾壁虎（*Gekko subpalmatus*），它们也会出现在森林公园里的庭院中。竹节虫也算是我们在野外寻找昆虫的老朋友。夜间是少棘蜈蚣的捕食时间，它们会选择爬到草丛上搜寻猎物。蝴蝶幼虫、蜕皮的直翅目，都会成为它们掠过草丛顺道带走的猎物。

　　晚上出来觅食的，寰螽也是其中一个。它们并不那么挑食，无论是正在蜕皮、毫无抵抗能力的小飞虫、还是一些成熟的水果，可谓来者不拒。

中华蟾蜍（*Bufo gargarizans*）。

雌性寰螽（*Atlanticus sp.*）。

山腰上的低矮灌木丛中，我们很容易找到黑斑斧螳的踪迹。八月初，大多数螳螂都已经成体。黑斑斧螳为了避免和同样大小的中华斧螳形成生态位竞争（黑斑斧螳的体型相对弱势一点），要成体得更早。一只只肥硕的黑斑斧螳倒挂在壳斗科植物上。我们灯光一照，很容易就能找到翠绿色的它们。螳螂在感受到危险时，会张开翅膀，摆开一对前足，做出威吓的举动。展开的翅膀，增加了螳螂的表面积，让它看起来显得大了一倍。摆在头部两侧的前足向外张开，露出前足内侧的黑色花纹。螳螂这种勇猛的生物，似乎生来就不知何为惧怕。它们从出生开始就在战斗。当几百只小螳螂从螵蛸中钻出，兄弟姐妹情谊早已被放在了一边。每一只螳螂都争先恐后地从那一股泡沫缝隙中爬出，展开自己的手足，让空气灌满自己的身体，以便最快速度地硬化。之后，所有的小螳螂都会四散开来，它们需要尽快远离自己的同胞。因为一旦身体硬化之后，小螳螂就随时会进入捕食的状态，而这些刚出生的家伙，丝毫不介意拿自己的同胞兄弟开刀。

黑斑斧螳的最大特点就是前足基节上的大黑斑。

中华齿螳（*Odontomantis sinensis*）喜欢趴在低矮的灌木叶子上。

　　螳螂的一生，需要无数次面对"自己人"以及外界的威胁。对它们来说，也唯有让自己变得更加冷酷无情，才能在残酷的环境中生存下去。

　　很显然在这样残酷的环境中，中华齿螳学会了另外一套生存法则。大多数螳螂都喜欢倒挂，它们选择了正面趴在叶面上。这样的习性会给它们带来不小的麻烦，比如说更容易被飞行的猎食者发现。于是，在亿万年演化后，齿螳的若虫进化出了如同蚂蚁一般的外形。蚂蚁携带的蚁酸，是很多猎食者望而却步的原因，拟态成蚂蚁，就可以避免很多被捕食的危险。直到大龄或者成体之后，它们才会变成绿色，通过颜色来伪装、保护自己。

这也是我第一次在夜间登上天童森林公园的山顶。"太白山"三个字的石碑立在山顶的平台上。远处,雷达站伴随着微弱的灯光好像一座灯塔。

在山顶边上的石头缝隙和灌木的交界处,一条小蛇引起了我的注意。这是一条钝头蛇。它不但没有毒性,而且主要以蜗牛和蛞蝓为食,可谓人畜无害。

钝头蛇(*Pareas formosensis*)会在晚上出来觅食蜗牛。

山中的麻蠊(*Rhabdoblatta sp.*)丝毫没有如城市下水道的大蠊一般带给人恐惧。相反,作为丛林生态循环的底层角色扮演者,我对它们充满敬畏。

蛩螽（*Meconematinae*）是一种
小型的捕食性螽斯，在山地潮湿
处的灌木边上总能找到它们。

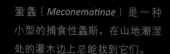

如果要寻找蛩螽的放大版，那么你
可能会找到日本似织螽（*Hexacentrus
japonicakarny*）。它们会在同样的地
方出现，甚至会把蛩螽当作美食。

在似织螽食物链的再上一层就是
螳螂了。这只中华斧螳（*Hierodu-
la sinensis*）雌性成体刚刚完成羽
化，它显然对于我的打扰不高兴，
张开了那还没有完全硬化的翅膀
和身体，准备与我展开殊死搏斗。

我在山顶的巨石上斜躺下来，漫天繁星好似来自另外一个世界。当人类开始仰望星空，开始思考这一切为什么存在时，或许，这就是我们真正文明的开端。在探索宇宙的漫漫长路中，我们的步伐显得那么快，又那么慢。仅仅几百年，我们就从对宇宙几乎一无所知到登上月球，探测了引力波，观察到了宇宙背景辐射，亲眼见证了黑洞的图片。但是，几个世纪过去了，我们人类还被锁死在方圆几光秒的空间里。

　　无论是贴吧、论坛，还是各大平台，移民火星、月球的话题总能吸引不少人前来讨论。

　　可是，传播保护环境生态，却只有少数群体在努力。

　　我们为什么一定要离开地球呢？地球多么美好啊。

　　即使在宁波天童国家森林公园，也有着如此富饶的生物资源。

　　下山时，已经接近凌晨三点。在低海拔山林里，最扰人的就是蚊子了。我是一个不怎么害怕疼痛的人，但是瘙痒的感觉却让我抓狂。张达旻平时工作非常忙，好不容易有机会来到森林中采集，自然不肯放过。蚊子的叮咬对他来说，根本不会影响到寻找昆虫。看他的架势，似乎要在山里走到天明。

　　山脚的灌木里，原螳已经由白天的站立姿势变成夜晚的倒挂姿势，条螽们奋力地鸣叫，上演了一场多样性生物的大狂欢。

　　有时候，我们走得太快、太远，总是忽略身边的美好。

　　静下来，再静下来一点，看看这些美丽的生物，感谢大自然，感谢造物主吧。

探寻西南，
最后的季雨林

来到中国西南边陲云南，
为了寻找那些稀有的生物。

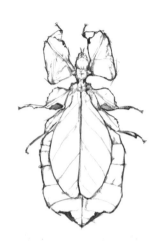

　　透过笼罩在神州大地上的云层，长江冲积平原展现在我的下方。飞机开始降低飞行高度，准备着陆。经过了十三个小时的飞行，我的双腿似乎已经不听使唤，直到我重新站在祖国的大陆上，我才感受到，强有力的来自脚底的回应。

　　时间为二〇一七年五月，我已经两年没有回到祖国的怀抱。走出浦东机场，我还来不及感受回国的喜悦，就要马不停蹄地转机，前往神州大地的西南方——云南省。

　　西双版纳的五月，是雨季来临之前的最后一个旱季。西双版纳嘎洒机场的晚风吹拂着我。随着轰隆隆的引擎声，云南白狼（老白）的车停在了我的面前。老白是云南昆明人，六十余岁，看着非常硬朗。感谢互联网，让我在刚开始学习微距摄影的时候就知道了白狼的大名。这次是我们第一次见面。小鱼从副驾座上下来，帮我把行李放进了后备厢。

　　"我们今晚在机场附近的山上看看有什么生物，龙哥和另外几个朋友都已经在那边了。"小鱼说道。

"走吧，我已经迫不及待了。"

老白开车颇有云南人的气势，一路飞快，我不得不抓紧了窗户上的把手。不一会儿，车子停在了密林深处。

"我们下车，老白你开到前面去吧。"小鱼说。

"小朱不需要准备一下吗？"老白转过头看着还握着窗户把手的我。

"不用了，他肯定早就准备好了。"小鱼说完关上了车门。

我匆匆地从行李箱里拿出头灯，踏进了夜色中。

这并不是我第一次来到西双版纳，却是我第一次站在西双版纳的丛林中寻找生物。任何一个没有涉足的丛林，对我都充满着诱惑。在自然界中，你永远不会知道下一秒在一片叶子的背面能发现什么，而这就是丛林的魅力。这是一片次生林，周围的树木相对比较单调，并且有很多橡胶树。林下的灌木稀稀拉拉的。显然，长期的干旱让这里的植物不是很好过。即使我们靠近了附近的水库溪流，空气还是给人比较干爽的感觉。

竹节虫早就在丛林中做好了准备迎接我们的到来。

花狭口蛙（*Kaloula pulchra*）生活在林下的落叶堆中。

丛林中，自然不是所有的动物都长得非常威武或者和环境融为一体。这长得和面包一样的狭口蛙，从落叶堆里笨拙地跳了出来。短小的四肢甚至让我感觉它根本跳不动，而是应该像皮球一样在地上滚动前进。

一眼望去，空洞的林下除了稀稀拉拉的灌木，这只狭口蛙可以说是唯一让我感觉到萌萌的一种动物。

螳螂永远不会缺席。虽然这并不意味着螳螂很常见，但只要是在丛林的灌木中，或多或少能找到一些螳螂的踪迹。因为这些灌木上聚集了各种别的昆虫，螳螂自然也不会错过这样的盛宴。在藤蔓顶部的叶子上，小小的眼斑螳倒挂着，等候着路过的昆虫。

丛林里并没有路，所以随意行走很容易迷失方向。我们沿着溪流一直往上走，然后又回到了山路上。山路的尽头是我们的另外一队人马。他们围着一盏连接着手提发电机的高压汞灯，每个人的手里都端着专业的单反相机，对着被灯光吸引上来的昆虫们不停地按快门。发电机的轰鸣声也无法掩盖连续不断的快门声。

我好奇地走近，高压汞灯被挂在一个白色的四边形帐篷上，白

灌木中的螳螂。

色的帐篷布上已经停满了各种奇形怪状的飞蛾和其他昆虫。

"小朱，你好啊！"一个看上去很健壮的男人向我走来。

"龙哥好！"我努力地回忆，他就是在微信群里和我有过几句对话的龙哥。

夜晚的探索并没有持续多久，几位大伯便准备打道回府。我们坐回老白的车上，伴随着西双版纳的风回到了嘎洒镇的住宿点。

我带的行李并不少，龙哥二话不说就搬起我的两件行李上了三楼，让我怪不好意思的。

常年各地奔波的我自然已经习惯了睡不同的床。无论是在丛林中的木板上，或是在车上，我都能睡得很好。由于时差的关系，尽管已经是后半夜，但是我并没有睡意。

"西双版纳"系傣语，"西双"即十二，"版纳"意为行政区。西双版纳在傣语中的意思是十二个行政区。这十二个行政区包括了版纳景洪、版纳勐养、版纳勐龙、版纳勐旺、版纳勐海、版纳勐混、版纳勐阿、版纳勐遮、版纳西定、版纳勐腊、版纳勐棒和版纳易武，全部都分布在云南的最南方。我们落脚所在的嘎洒镇，就是景洪市的南部小镇。

思考着这十二个版纳的名字，翻着手机地图，我不知不觉就睡去了。

也不知道睡了多久，我被小鱼叫醒，原来我们今天要赶很长的路去勐仑镇踩点。勐仑植物园的朋友已经在楼下等着我们吃早饭。

西双版纳的早餐，和我们浙江的不太一样。在我的生活里，早上起来，无非就是葱包烩、油条、馒头，就着稀饭，稀里呼噜地应付了。或是下到街边，吭喝着来一碗馄饨，或者一屉小笼包。精致一点的，喝个早茶，吃点甜点。但是走进嘎洒的早点摊，师傅煮着热气腾腾的米干和米线，在充满着水汽烟雾的锅前，摆着肉末、辣椒，一道道"重口味"的调料，看着好不丰盛。

吃完早饭，我们便出发了。景洪市区的早晨并不算繁华。现在不是旅游旺季，所以游客并不多，而当地人的生活节奏相对较慢。车辆行驶在空荡荡的景洪大街上，偶尔有一些骑着摩托车的当地人路过。我们两辆车开过了景洪市区入口的大

色螅科（Calopterygidae）常被人们当作蜻蜓。

蟋螽（Gryllacrididae）正从伴随它的盔甲中蜕变
出来。

大隐蟋（Sonotrella major）在枯叶上扇动着翅膀，
发出鸣叫声以吸引雌性。

转盘后，向着基诺山的方向行驶。

　　基诺山的古茶园一直非常有名。因为海拔较高的缘故，山里湿度很大，是茶树非常喜欢的生长环境。行驶在基诺乡的山道上，远处的山坡蔓延着一片一片的茶树。茶树的尽头，又是一片一片的橡胶林。

　　虽然人们知道，砍伐森林最终危害的是我们人类自己，但是眼前的利益又会驱使人们去种植短期内经济效益最高的农作物。

　　有些山坡看着陡峭，但这些山坡无一例外都被砍伐，成了橡胶林和茶叶地。偶尔有几片原生林，全部都被农作物田地切割成了碎片化的小丛林。据说这里的气候一年比一年干燥，这与原生林的被砍伐有密切的联系。虽然种植的农作物也会有蒸腾作用，但完全无法和原生林相比。砍伐带来的水土流失问题，也给气候带来了不小的影响。

　　翻过基诺山的最高处——龙帕古茶园之后，我们的车开始向下驶去。在山的这一片，原生林终于多了起来。蜿蜿蜒蜒的山路上，参天的大树遮挡着毒辣的阳光。山路的右边，从山顶水库流下来的溪水给这一片山林增添了几分原始的感觉。

　　休息期间，我和小鱼研究地图。这片山林虽然看着环境不错，但终究是干旱的。由于是旱季，山涧中的水流几乎干涸，这让我们

锯腿树蛙（*Kurixalus odontotarsus*）。

得以轻松地踏进水流中。水流上方，树冠层为林下的灌木遮挡了部分的阳光，如此一来林下就不会因为暴晒而过于干燥。许多喜阴的植物，比如天南星和蕨类植物得以在林下生长。

勐仑镇，位于澜沧江的深大断裂带东部，是罗梭江侵蚀而成的峡谷盆地。相比于基诺山动辄一千米、一千五百米的海拔，这里下降到了几百米。勐仑往南走，就是勐腊，越过勐腊再继续向南就是国界，通向老挝。

勐仑的大街上走着一些当地人，我们好不容易寻到一家餐馆满足我们的胃。不过看着老板娘端上来的一盆盆炒竹虫、炒齿蛉幼虫后，我决定还是去附近的小超市购买一桶方便面。

吃完饭，我们走进一家旅馆，老板不耐烦地甩给我们每个人一张房卡后又把头埋在电脑前。我们来到弥漫着发霉的气味的房间，这也不妨碍我倒头就睡。

晚上的徒步才是重头戏，白天的休息实在是太重要了。

由于白天已经勘察好了徒步地点，我们并没有急着在天完全亮的时候就赶到

石头上的角蟾。

目的地。等我们到达目的地时，我依旧能趁着昏暗的天色看到这片林中的开阔地。这片平地被陡峭的原生热带雨林包围着。或许是太陡峭的原因，始终没有被人类开发成橡胶林。蝉鸣和虫鸣声从四面八方压下来，一股燥热弥漫在将要进入夜晚的森林中。平地上早就被灌木挤占了大部分区域，我们把发电机和灯诱帐篷架在了灌木丛中的空地上。

大伯们的脚力并没有很好，他们留在发电机边上。而我、小鱼、龙哥和勐仑植物园的潘勃沿着盘山公路找到了下河谷的缺口。下坡去溪流的路并不好走，因为坡度很大，我们几乎像坐着滑滑梯一般滑到了下方。

虽然溪流的附近意味着更高的湿度和多样的物种，但是我并不常走水路。淌水意味着我需要时刻注意水里的地形，以防摔跤。许多山里的溪流大多数情况下都非常清澈，但是因为沿途的复杂地形，总会有一些水聚集到一片区域内后便很少流动，如此一来滋生了大量的厌氧细菌，水体也会逐渐变臭。

这不，我一不小心踩到了一摊淤泥。正当我气急败坏地甩着我的鞋子时，发现就在我面前的一棵天南星科植物上，有一只黑蹼树蛙（*Rhacophorus reinwardtii*）正在用它无辜的眼神看着我。

黑蹼树蛙（*Rhacophorus reinwardtii*）趴在一片天南星科（Araceae）植物的叶子上。

龙哥已经移民到新西兰。他是一个爽快人。一路上，我们聊着各自在国外的生活，可谓惺惺相惜。

　　我们走得很慢，为不断发现的昆虫和其他小动物进行各种角度的拍摄。

　　时间过得很快，不知不觉我们已经在溪流里待了六个小时，河谷看上去没有尽头。考虑到这次徒步是一次团队行动，我和龙哥顺着河岸扒着灌木又返回坡上，找到了盘山公路。夜晚的山里，丝毫不用担心有车驶过。我行走在马路中间，幻想着从树上落下我想要寻找的螳螂。虫鸣蛙语早就把我层层包围。远处，巨拟叶螽那明亮的叫声就像铃声一样不断回响；近处，纺织娘那嗞啦声仿佛在向我宣告这里是它们的地盘。

　　灯诱帐篷处，大伯们已经是收获满满。看到我们回来，他们也给我们展示刚刚发现的各种昆虫。

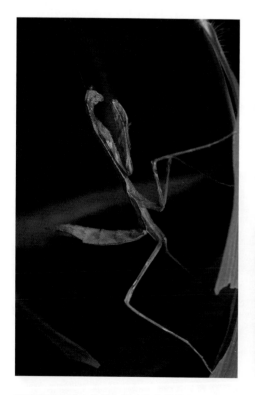

拟态苔藓的棘螆藏错了地方。

溪流附近的灌木是昆虫喜欢聚集的地方。一只孔雀螳（*Pseudempusa pinnapavonis*）正在享用美食。

紫斑环蝶（*Thaumantis diores*）是孔雀螳喜欢捕食的猎物之一。

缘蝽（Coreidae）的威慑力主要来自它那奇臭无比的味道。我甚至不太敢靠近它，生怕我头灯的光线会吸引它突然起飞，降落在我身上。

在一棵榕树的树干上，我发现了不一样的花纹，原来是一只斑飞蜥（*Draco maculatus*）正趴在树皮上。

丽棘蜥（*Acanthosaura lepidogaster*）正在树枝上酣睡。被我打搅后，它也只是微微地睁开眼睛扫了我一眼后再度睡去。

等收拾好装备，已经是凌晨两点。

原本以为，在白天那么冷清的勐仑，夜间应该更是寂静一片吧。可当我们回到勐仑镇上，发现酒店边上的夜市烧烤摊还是灯火通明。

大伯们早就点好了啤酒，老白拿着一瓶二锅头已经开始喝了起来。

我们点了满满三大盆烤串，还有炒米干。

我一开始并不愿意接受炒米干，因为我觉得这无非就是炒粉。但是在小鱼的推荐下，我拿了一盘炒米干，而这似乎将我和云南永远地捆绑在了一起。

"又堵车了！"老白把车子熄了火，我们再一次被迫下车晃悠。

"今晚不去元阳了，还是回普洱吧，去元阳的路上又要堵车的。"小鱼说。

由于山路多处地方有塌方和修路的情况，车辆限行是常有的事。一旦限流，路程的时长完全无法预测。眼看时间也不早了，小鱼提出我们一行四人回到普洱市，今晚就在普洱安营扎寨。

说实话，我心里是窃喜的。相比较高纬度的元阳，普洱的季雨林环境对我有更大的吸引力。

沟谷雨林，当小鱼告诉我要去的地方名称时，我想到一幅绝世高人修炼的烟雾弥漫的场景。也是，我们徒步探险，不也是修炼的一种嘛！

蜿蜒的山路非常狭窄，老白的雪铁龙在丛林环抱中飞速下行。茂密的树冠层几乎挡住了所有的阳光，以至于终于开到谷底时，天空豁然明亮，让我有一种从黑夜回到白天的感觉。

沟谷雨林确实名不虚传。榕树蜿蜒的树干盘错着在空中搭建起一层又一层的绿色毯子。谷底，溪流顺着山沟从山路的中间把路隔断成两段。谷底中间有一小片空地，我们的灯诱帐篷就在这里。我和龙哥忙着拍摄一只石蜴。老白喝着酒，摆弄着他的相机。小鱼已经兢兢业业地跑到灌木丛中去探地形了。

普洱的林子是典型的季风型雨林。虽然年降雨量达到了雨林的标准，但是每年旱季、雨季还是比较分明的。在旱季，雨水很少，

扁石蝎（*Hadogenes sp.*）在紫光灯的照射下，呈现出蓝色的荧光，如夜色中的宝石。

斑蝉（*Gaeana maculata*）。

艳虹螳（*Caliris sp.*）。

鼓叶螽（*Tympanophyllum*）喜欢躲在叶子的背面。它们的身体是翠绿的，被我们轻松地发现了。

鼓叶螽是少数的不那么怕冷的热带昆虫，甚至会分布到比普洱更北部的区域。

气温也比较低，是很多热带生物分布的最北地区之一。然而一旦寒流袭来，有些山区的最低气温甚至会降到零下，这对热带动物们来讲是比较致命的。所以每次发生寒流，很多南方分布过来的生物便会有灭绝的危险。

宽头短腿蟾是一种蠢萌蠢萌的大蛤蟆的学名，不得不说这个名字非常形象。我们在山涧的溪流中发现了它的身影，并且发现它的排泄物中居然有啮齿类动物的毛发。看来它是吞了一只鼩鼱（*Sorex araneus*）啊。

华小翅螳也是不常见的螳螂之一，主要生活在林下相对阴暗的环境。在这样的环境中，其他螳螂几乎无法找到自己想要的食物，但是华小翅螳却能顽强地生存下来并繁衍生息。

宽头短腿蟾（*Brachytarsophrys carinensis*）的样子和它的名字一样，有宽宽的头和短小的四肢。

华小翅螳（*Sinomiopteryx*）。

兰花螳螂的若虫站在云南普洱的茶树叶上。

普洱的兰花螳螂，是好似传说一般的存在。我们并不知道为什么兰花螳螂能在晚上只有5℃左右的环境下生存下来并且繁殖，但是能在野外发现兰花螳螂，我想这应该是好运的预示吧。

在云南，四种螳螂分别被我们戏称为：残枝、败叶、碧叶、羞花。兰花螳螂必然是羞花；而这残枝，是指扁尾螳中的箭螳；败叶则是拟态枯叶的拟睫螳螂；碧叶是另一种我们苦苦搜寻的云南亚叶螳（*Asiadodis yunnomensis*）。而寻找四大螳螂的执念，让我们难以停下搜寻的脚步。

云南的热带雨林已经被人工林和农业用地瓜分。树木砍伐造成的山体滑坡和水土流失，就像病毒一样一点一滴地侵蚀我们人类的家园。

尽管现在是夏天，但是季雨林的"冬天"似乎早早地降临在这片土地上。我国的国土面积是如此之大，拥有寒带、温带和热带气候，但是热带陆地地区的面积是如此之小。橡胶林、桉树林、茶叶地都在不断地把原本郁郁葱葱、仙气缭绕的山谷变成干燥无比的光秃秃的山头。

最后的季雨林，我们又能守候着它多久呢？

拥抱中越边境，
喀斯特探险

行走在边疆上，我们发现的生物，
到底是国内的？还是国外来旅游的？

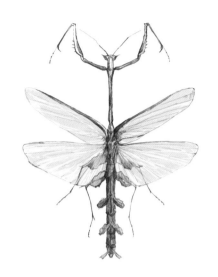

　　我是个有边境情怀的人。在各种网络小说中，边境都是比较荒芜、神秘的地方，有不可告人的军事重地、与世隔绝的小山村……

　　寻找昆虫也是如此。大多数边境都会有各种各样复杂的地形。因为在科技还不是那么发达的从前，天堑是最好的物理屏障。一座山脉、一条沟壑，都会成为边境地带的地标和分界线。

　　靠近边境，仿佛有种被放逐的流浪感觉，这种感觉或许也是很多人心中所向往的。

　　边境的村庄，贸易来往远比我们想象的要热闹得多。在边境地区，两国人民互通有无，展现出一番歌舞升平的景象。

　　位于云南瑶族自治县东南部的河口镇就是这样，沿着红河，对岸是越南的老街市。但繁华的景象并不能掩盖一个遗憾的事实。这漫山遍野的山林，基本都成了香蕉地。

　　和西双版纳周边都是橡胶地一样，放眼望去，河口四周看不到山林。光秃秃的土坡上，一棵棵橡胶树整齐地排列着，犹如一片片多米诺骨牌。

作为农业发展的受益者，我们如今可以买到许多价格实惠的水果，这和这些土地的开发有密切关系。但是亲眼见到被破坏的环境，我还是有点难受。我想起在南美雨林里，当地人一般会选择两片分开来的土地种香蕉，其中一片地种了两年之后，要闲置两年，等灌木充分生长，确保土地恢复原先的生命力。在这两年期间，当地村民会去种植另外一片香蕉园，如此循环运作，也遵循了一点可持续发展的生态农业理念。

我们根据地图上不同的图案和颜色去搜寻原生林与农田交界处。

但是大多数情况是，当我们赶到地图上的所指地点时，原生林早就不见了踪影。地图的信息短短几个月没有更新，现场早已是一片完全不同的景象。

天色已晚，在一片喀斯特地貌环境边上，我们终于找到了一片原生林。喀斯特地貌中，石灰岩是主要成分，所以没有大面积的松软土地，不适合农作物种植。

寻找合适的考察地点非常关键。由于天色已黑，我们并没有办法很好地窥探地貌全景，只能管中窥豹，猜测这是一片河谷山地。我们在河谷的一座桥边，架上了灯诱帐篷。

"李峥，你留在这儿吧。"小鱼对李峥说。

我和李峥认识很久了，但这是第一次见面。他在亚利桑那州大学就读，和我一样是一个留学生，几年前因为打篮球扭伤了脚踝，所以就不方便参与长距离徒步了。

山坡上，水顺着水渠流下来。我们爬到水渠边上，沿着水渠行走相对比较容易。

水流的速度很快，而且看上去水很深。水渠两边因为常年潮湿，已经长了厚厚的绿藻，一旦不小心掉入水中，恐怕很难上来，只能顺着水流一直往下游，也不知道会通向哪里。

在河口的一夜非常短暂，作为一个中转落脚的地方，我们甚至来不及感受当地的风土人情。

口岸附近的边防检查也异常严格，身份证被收走之后，边防战士们盘问了我们很久才予以放行。

离开河口谷底，我们沿着高速一路驶向西北。公路的左边，高大的山脉插入云霄，景象壮丽，那是哀牢山的南部余脉。我们要前往的是马鞍底村，位于中越边境的山区之间的马鞍底，以其特产豆腐闻名。刚到山脚，我们向远处望去，山谷间，一条白色绸缎从山上倾泻而下，那是有名的拉登瀑布。

我们来到山腰，美丽的环境让我们一下子忘记了此行的目的，仿佛来到了度假胜地。

近看拉登瀑布，水流从柔美变得壮丽。水帘边上的灌木丛中，一条木栈道通向山顶。

"今晚我们就从这里上去吧。"

我看着台阶，有些地方根本不能算是台阶，而是垂直的石壁。

"走，直接上山顶。"我说道。

李峥再一次被赋予了留守照看灯诱帐篷的重任。能够坚持一个人几小时在漆黑的山谷里守着灯，这需要对自然抱着极大的热爱才能做到。

远眺拉登瀑布。

老白已经扛着三脚架在瀑布前方准备拍摄风光大片了。我和小鱼从右侧的木栈道出发，瀑布的水飞溅在空中。木栈道看着很新，想必是之前的木栈道已经腐烂才刚新修的吧。很多地方，还是用石头铺成的山道。

爬山并不是一件难事。我们聊着天，寻找路边灌木丛中的生物，不一会儿就到了山顶。曾经有人说，一个人走路，路在脚下，两个人走路，路在嘴上。聊天会缓解因为爬山而带来的劳累，也让整个行程变得有趣起来。

一路上，并没有出现让我们太惊喜的生物，大多数还是那些比较常见的昆虫与爬行动物。但是身处自然，只是简单的行走也足够让人期待了！

我们下来的时候，看到老白站在一棵壳斗科植物的下方。老白的眼神非常好，而且已是身经百战了。他一边喝着二锅头，一边和我们说道：

"你们看，树上有一条黄环蛇。"

我们顺着老白指的地方看去，头灯照射下，那是一条黑黄相间的大蛇，长约有一米，盘踞在树梢上。它的身形太过巨大，以至于树枝都被压得弯了下来。

很多人会把黄环蛇、黄链蛇和金环蛇混淆起来，毕竟这三种蛇都是黄色与黑色相间。一个简单的分辨方法是：黄链蛇的黄色斑纹是最细的，常出没在溪水边，身上有一股腥臭味；金环蛇则是中国比较有名的毒蛇，它的黄色斑纹是最粗的；而黄环蛇的斑纹刚好介于两者之间，是一种非常漂亮的蛇。去往山顶路上一无所获所带来的沮丧，被这下山路上的一条巨蛇一扫而空。

并不是每一次考察都能碰到满眼的珍禽异兽。大多数的时候，我们都是处于分析植被、推测该地区可能存在的生物，以及实际寻找考证的循环之中。伴随着瀑布倾泻而下的水声，夜色下的马鞍底所展现的无尽狂野，不断地回荡在我的脑海里。

我们回到灯诱帐篷，李峥已经无聊到坐在路边睡觉了。

次日，离开了马鞍底，我们来到了马鞍底对面的另外一座高

云雾中的森林。

山——大围山。

作为云南东南部低海拔区域的又一高山，大围山蜿蜒在北回归线上，拥有得天独厚的气候优势。高大的山峰让大围山山顶长时间处于云雾缭绕中。我们行驶在通向山顶的盘山公路上。

由于处于浓厚的雾气之中，路面非常湿滑，浓雾也给古树盘绕的森林增添了一丝神秘。巨大的树干在我们上方交错着，带着强烈的压迫感。

当我还在担心山顶是否也是如此时，老白的车已经穿越了云雾。透过山崖向外望去，云层来到了我们脚下，好不震撼。但是山崖的朝向却是向北，所以我们并不知道南方的天空又是怎样一番景象。当我们抵达山顶、被暖金色的光线笼罩时，我似乎只能通过爆粗口来表达内心的震撼。下车后的第一反应，自然是冲到后备厢去翻寻我的三脚架和相机。

日照金顶。

太阳悬浮在云层上空，金光洒向我们。哦不，云层的上空也并非全然晴朗清澈，而是另外一层云层。太阳则是在两层云层的中间，每一粒穿越了一亿五千万公里的光子，从地球的大气中跳跃到我们的视线里。

　　我突然有一种朝圣的感觉。壮丽的景色下，人类显得如此渺小与微不足道。这样的景色，也许在这大围山顶已经重复过上万次，但是对于人类来讲，能见到这一刻可以说是千载难逢。

　　在夕阳下，我们再次迅速搭建好了灯诱帐篷，希望能遇到大围山特有的深山锹甲。

　　夜幕降临，我和小鱼从山顶顺着山路向下走。大围山的夜晚也和马鞍底一样无比的寒冷。有时候，我不得不佩服这些生活在热带与温带交界处的热带昆虫。它们能够抵御冬天夜里只有几度甚至零下几度的气温。白天，由于纬度足够低，温度可以上升到二十几度，只要几个小时珍贵的温暖时光就可以帮助昆虫进行正常的新陈代谢。而在四季分明的北方，有长达几个月的刺骨寒冷的冬季，大多昆虫

架好顶架之后，太阳也落下了山。

终究无法适应，而采取用卵、蛹的方式度过严冬。

　　我对热带生物的理解，很多时候粗暴地落在了以下几个"标准"。

　　第一，这热带生物，自然是一年四季生生不息的。毕竟生活在热带地区，尽管部分热带地区有春夏秋冬，或是雨季旱季之分，但是总归在一年内的几乎所有月份里都能见到它们的踪影。

　　第二，这热带生物，在寒冷的北方必然是无法存活，不然怎么体现"热带"这一名称呢？说来有趣，很多分布于热带雨林的生物，在北方地区也能看到它们的身影。那么这些生物，在我看来就不能算是热带生物了。

　　抱着这种奇怪死板的"标准"，在亚热带地区考察物种时才显得特别有意思。因为任何一道山脉，都有可能成为某种昆虫的分布北线（物种分布最北的区域）。所以，我们对于地图的观察、地形的研究也变得格外仔细。甚至幻想着，对面的山头是否又有不一样的生物在等着我们？

　　我特别喜欢叶蟠这种昆虫。扁平的身体配合翠绿色的外表，一不留神，你就很容易错过它。而这叶蟠，偏偏就是喜欢挂在非常高大的壳斗科树上，令人更加难以发现其踪迹。

第一次和小鱼一起结伴出来野外科考要追溯到 2014 年的初夏。在那之前，我一直都是在白天搜寻昆虫的，心想白天怎么也要比漆黑的夜晚更适合搜寻吧。

然而事实却并非如此。虽然很多蝴蝶、蜻蜓等昆虫都喜欢白天活动，但是夜里会有更多的昆虫从藏身之处钻出来加入漆黑的狂欢派对。一方面，在白天光线的照射下，映入眼帘的景色实在是过于丰富，大大地降低了我们搜寻的专心程度。另一方面，在强烈的阳

潮湿的地上覆盖着厚厚的苔藓。在布满苔藓的石壁上，"四脚蛇"——滇南疣螈（*Tylototriton yangi*）吸引了我的注意。在暴雨洗刷过的山谷中，它身上的橙色花纹看上去格外显眼。

站在苔藓上的深山锹甲。

光和散射光中，躲在树叶背面或者石洞里的昆虫就不那么容易寻找了。

黑夜中，虽然视野的宽阔度大大降低，但是只需要戴一盏头灯或者拿一把手电，所照之处必然是通明的。这样一来，即使是树叶的背面或者复杂的环境中，我们也可以利用光线看得清清楚楚。

寻找叶蝽便是如此了。白天，倒挂在叶片后面的它们，可以说是完美地把自己伪装成了环境的一部分。一旦到了夜间，头灯的光线就可以把它们身上泛着金黄色的翠绿和壳斗科以及蔷薇科植物叶片背面那发白的绿色区分开来。寻找叶蝽，也就水到渠成了。叶蝽属于竹节虫目，也就是说它们是亲戚。

中越边境，当然不只是云南省的南部。离开云南之后，我们辗转来到了广西。

心心念念找寻的滇叶蝽（*phyllium yunnanense*）。

寻找竹节虫需要耐心，因为它们的拟态和伪装真的十分完美。

布鲁纳翠螽（*Chloracris brunneri*）在高耸入云的榕树上幽幽地唱着歌。虽然它的歌声并不悦耳，但声音足够响亮。声波穿透寂静的大围山山谷，掠过树梢，掠过灌木。

一只猫蛛正在捕食一只婚飞的白蚁。

上一次来，便是2014年我和小鱼第一次考察的时候。当时我们一行五人，在广西的西南处沿着边境线寻找捕鸟蛛。时间一晃过了三年，再次来到广西，我自认为有了更加丰富的经验，迫不及待地想要再度拜访当年所考察的地点。

崇左是广西喀斯特地貌的典型之地，花山、龙州都是喀斯特地貌完美的诠释者。

现在正是白蚁纷飞的季节，大量的白蚁从藏身的巢穴中飞了出来寻找新的领地。这也是猎食者们的好时机。

我们回到了以前曾考察过的龙州弄岗保护区。多年未见，这里的样子还是一点都没变。巨大的喀斯特山包尽管不高，但是给人一种威严的感觉。

走在三年前走过的山道上，尽管看到的动物和往年有所区别，但是更多的还是一种熟悉的感觉。崇左地处热带，也受到海洋季风的影响，这边一年四季都非常炎热、湿润。虽然降雨量并不是很大，但和热带雨林也相差不远了。潮湿的环境得益于喀斯特地区多水的气候。

斑腿泛树蛙是一种比较常见的树蛙，在旱季的夜晚，它们趴在叶面上，眼睛反射着我头灯的光线。

"快看！这是一只捕鸟蛛吧！"我招呼小鱼。

"是的，应该是某种缨毛捕鸟蛛。"小鱼看到捕鸟蛛，也显得很兴奋。

在龙岗，还有一种特有的小昆虫非常引人瞩目。

这种蓝色的小昆虫迟螽是一种捕食性螽斯。别看它身形很小，但捕食却非常

斑腿泛树蛙（*Polypedates megacephalus*）。

缨毛捕鸟蛛（*Chilobrachys sp.*）。

迟螽（*Lipotactes dorsapsina*）是当地一种捕食性昆虫。它虽然体型不大，但是非常凶猛。

积极凶猛，是一个活脱脱的小斗士。

在龙岗的一夜非常短暂，我们并没有停留太久，就启程前往下一个地点。那就是负有盛名的"十万大山"以及中越边境的峒中山区。

夕阳之下，中越边境的峒中山区中，我们在溪流中玩耍。我已经不知道上一次无忧无虑地玩水是什么时候了。与昆虫相伴，与自然为伍，沉浸在这样的空间里，有那么一瞬间，我仿佛真的回到了童年。

在峒中的日子非常短暂，短暂到我们的旅程还没开始似乎就结束了。这也是我们中越边境之旅的最后一站。行走在热带地区，我

眼斑螳螂（*Creobroter sp.*）的雄性成虫。可能羽化的时候掉落了下来，它的翅膀并没有收得很完美。

不止一次地感慨我们祖国的地大物博，从北部的寒带到南部的热带，如此辽阔的地域让我们有机会在祖国境内见证着生物的多样性。

尽管很多森林区域，都由于我们人类造成了相当大的破坏，但是生物依旧顽强地在夹缝中生活，在我们每一个考察的夜晚绽放着它们的绚丽。

雄性姬螳（*Acromantis sp.*）也是比较常见的螳螂。

越南小丝螳（*Leptomantella tonkinae*）正在交配。

哥斯达黎加，
只为了儿时的梦

不曾想过，9岁起读的一本书，
竟驱使我来到这片土地。

杯水之恩，重逢之约

我透过飞机的窗户向外看，天空已经泛白。这架波音 737 在七个小时前离开加州洛杉矶机场，现在翱翔在中美洲狭长的大陆架上。我的正下方是一片即使在飞机上看也显得巨大无比的湖泊，这就是尼加拉瓜湖。当地人叫它 Lago de Nicaragua。湖面好似一面镜子，反射着天空那蓝中透红的云朵。不久，飞机开始下降，从重重山峰的地貌中，我知道，快抵达哥斯达黎加的首都圣荷塞了。从前一天下午离开学校后，我就一直处于比较亢奋的状态，因为这也算是我第一次独自展开野外探险活动。虽然有点波折，但我好歹联系上了我的信用卡公司并且告诉他们我真的就在哥斯达黎加而不是我的卡被盗刷后，我开着一辆破旧的小车飞驰在前往哥斯达黎加东海岸利蒙（Limon）的林间公路上。这个国家处于中美和南美之间的狭长地带，东西海岸之间的距离只有几百公里，其间被三千米高的火山隔成两半。

我在踏上旅程之前做了详细的地理考察，最后选择了东海岸一片海拔三百米左右的山区。这里常年处于加勒比海风的吹拂之下，水汽充沛，植物生长茂密。最重要的是，早在两年前，我就来这里寻过叶背螳，虽然最后空手而归，却结下一段不解之缘。

2014 年 12 月的一个下午，阳光透过斑驳的树荫洒在我身上。伴着微风和鸣虫们的歌声，我正在林间小道上行走。白天的阳光让我可以更好地观察地形，以便于晚上再次探索。

不经意间，我发现一间藏在路边树丛后的小屋，心想这种深山小屋多半是山民的仓库而已，我便继续赶路。直到我透过破旧的篱笆，看到两个当地人样貌的男人坐在屋前乘凉，我一下来了精神。要知道，寻找当地生物时，把图片给当地人看是一种直接有效的确定没走错地儿的办法。可是我只会用西班牙语说"谢谢"，当地人大多也不懂其他语言，我只好用肢体语言和善意的微笑打招呼，接着打开手机里的图片，比画着询问周围有没有长这样的螳螂。

年轻男人并不急着回答，而是把他的妻子从屋里叫出来。女主人瞥见我手里的空水瓶，让我把瓶子给她后便转身进了屋。我一时摸不着头脑，怀疑是自己表达得不清楚，他们没弄明白。思索间，女主人又出来了，把我的水瓶递回我手中，瓶里灌满了凉水。我先是一愣，接着连连道谢。他们邀我进屋，我一直待到了夜幕降临，便开始夜间的搜寻了。寻到晚上 10 点，头灯的光线开始变暗，急需充电，我回到小屋求助（因为我必须要充电），这家人又慷慨地借出了他们的插座。

我终于想到，语言不通，可以画画，于是问女主人要了一张纸和笔，画出一张简陋的世界地图。我告诉他们我来自中国，随后，画了一只叶背螳。这次男主人似乎看明白了，咿咿呀呀说了一大堆西班牙语。但是终究，我们无法听懂对方的语言。就在我们瞎比画的时候，女主人想起了什么似的，打电话找到一个懂英语的朋友为我们翻译。原来，男主人的确在这片森林见过叶背螳！并且表示，他可以在第二天带我去丛林中搜寻它们。我心一热，眼泪差点落了下来。即使我们来自不同的国家，说着不同的语言，但是人与人之间的友好却可以跨越一切。我向他们表达了我的感动与感谢，并且告诉他们第二天一早，我就要动身离开哥斯达黎加了。

当我驾驶着皮卡车离开山区时，心里非常不是滋味，明明目标近在眼前，可是我却没有机会去继续搜寻。当年离开时，我暗暗下了决心，哥斯达黎加，我一定会再来的。

想着两年前的趣事，我走出了机场。驾驶着租来的小汽车，我摇下窗户一边哼着歌一边飞速行驶着。

在前往目的地之前，我路过哥斯达黎加中部有名的波阿斯（Poas）火山。这里云雾缭绕，常年处于高湿度的环境下，路边随意的一棵树都被厚厚的苔藓和附生植物覆盖着。苔藓作为一种没有真正意义上的根和维管束结构的简单植物，喜欢有足够散射光和空气中有充足水汽的地方。很多时候，它们可以作为一个地区是否长期潮湿的风向标。

木头上都覆盖着厚厚的苔藓。

山路望去，可以看到远处被云层缭绕的波阿斯火山。

行驶在山路上，偶尔也会遇到因为道路过窄出现的限流情况。原本四个小时的车程，硬是开到下午四点，我才终于到达这个两年来一直出现在我睡梦中的地方。

遭遇子弹蚁，误入鳄鱼池

2014 年的寻螳之旅，没见着叶背螳，却遇到危险的"小家伙"和"大家伙"。

到达的第三天晚上，我把车停在山路的边上，一时心急忘了换上雨靴，穿着拖鞋就进了雨林。我正专心寻找叶背螳时，右脚传来一阵剧痛。我感觉到有两个痛点，脑海里第一反应是被毒蛇咬了。中美洲的蝰蛇、珊瑚蛇，这两类最恐怖的毒蛇在我脑海中浮现出来，被咬到后如果得不到及时的救治必死无疑，而这方圆两小时车程内，根本没有人！

就在我低头查看伤口的过程中，我的大脑飞快地掠过我这短暂的一生，并且遗憾还没亲眼见过叶背螳。幸运的是那并不是毒蛇，但情况也没好到哪儿去——那是号称世界上咬人痛感最强烈的南美子弹蚁。就在我长舒一口气后，右腿完全失去了知觉。我不得不坐下来休息，半小时后才终于勉强站起来，挪回车上乖乖换鞋。

要说这是虚惊一场的话，那么走进鳄鱼池可以说是与死神擦肩而过。另一天夜里，我边走边找螳螂，没注意到蚊虫变多，自己已然走到一个水池边上。突然，我听到脚边的水里发出一声闷响，一听就知道是个大家伙在动。

这下我感觉不对劲了，转头一看，一条大约两米长的成年鳄鱼就在我脚边不到两米远的地方！我吓得撒腿就跑，张大了嘴却叫不出来，耳朵也聋了似的，全世界的声音都被心跳声盖过。然而逃离鳄鱼后，枪管指了过来——我这才知道自己误闯了保护区。护林员发现了我，并误认为我是盗猎者，举着枪押送我离开了保护区。

再入雨林，离梦想近了半步

结束对两年前经历的回忆，我已站在熟悉的小屋前。这两年我自学了些西班牙语，与男主人简单叙旧后，他告诉我自己在做公园保安的工作，晚上要上夜班，不能与我一同去寻虫了。我只得与他道别，继续独行。

一个人走在漆黑的山里，感觉十分微妙。虽然对各种可能的危险抱有一丝恐惧，见到各种美丽生物的兴奋却压倒了恐惧。我小心探索着，不知不觉就到了夜里12点，完成了计划中第一个区域的搜索，只可惜一无所获。我对自己的眼神和多年野外采集经验向来自信，然而少了点运气，仍不见叶背螳踪影。我甚至开始怀疑自己来错了季节。叶背螳在野外的习性非常诡异，它们并不会出现在通常容易见到螳螂的地方，比如朝阳的灌木。

我在林下不断地搜寻。虽然是寻找叶背螳，但是许多其他的小动物也都吸引着我的眼球。当地有许多两栖类动物，在林下的一条已经干涸的小溪边上，一只非常漂亮的叶蛙（*hyllomedusa sp.*）正在棕榈叶上休息。由于此时是旱季，许多两栖类都处于半休眠的状态。

能见到叶蛙是非常开心的事情。随后我又注意到，附近脚边的枯叶丛里，有一些红色的小家伙在活动。我走近一看，原来是大名鼎鼎的草莓箭毒蛙（*Oophaga pumilio*）。这是一种分布于美洲的知名动物，它们的名气来自身上所携带的毒液。箭毒蛙在野外，主要生活在布满落叶层的丛林下方。

叶蛙（*hyllomedusa sp.*）。

草莓箭毒蛙（*Oophaga pumilio*）。

　　时间一分一秒地过去。

　　此时我已经连续徒步 8 小时。午夜之后，温度下降，能见度也开始下降，几米之外已是白茫茫一片，走在林中，身上的衣服早已湿透。我拖着疲惫的身体，每往前挪一步，放弃的念头就强烈一点。我不死心，一直走到凌晨 4 点。我一边往停在山坡下的汽车走，一边自我安慰：还有六个晚上能慢慢找，要不今天就先回去睡了吧……

　　这一分神不要紧，我竟迷迷糊糊走到了一条岔道上。在浓雾之中，我隐约看见小道左边的灌木长了一些豆科植物，其中有一片不太自然的树叶。我的脑子瞬间就清醒了——向两侧扩展的宽大背板、柳叶似的纤细腹部，虽然不大，只有 4 厘米，但是我知道这是一只叶背螳！虽然它还没长出更像树叶的革质前翅来，只是一只若虫，但是我的心就像被闪电击中了一般狂跳起来。随之而来的是浑身的颤抖，我不知道我为这一刻等待了多久。从 5 岁爷爷给我第一只螳螂起，再到 9 岁我第一次阅读一本关于动物分类的图书时，在那本书某一页的右下角，分明印着一只将伴随我一生梦想的螳螂，以及那三个字——叶背螳。我不知道为什么我对这叶背螳会如此痴迷。2014 年，因搜寻叶背螳失败而在机场鼻子酸酸的我，连续徒步接近 13 个小时之后，几乎要放弃的我，终于在这一刻得到了上天的眷顾。我没有急着去靠近叶背螳，就站在原地看着，随后涌上来的情绪冲破了我的喉咙。我开始如同发了疯一般狂喊、大哭、尖叫。我的声音回荡在山谷中，盖过了虫鸣，盖过了蛙叫，盖过了猴子的低语。而这一切的一切，都只为了这一只如同碧玉一般的叶背螳。

菱颈叶背螳（*Choeradodis rhombicollis*）的雄性若虫静静地站在叶子上。

可爱的小蜥蜴（*Anolis limnifrons*）在树叶上休息，当地非常常见的种类。

受伤的蜘蛛（*Eriophora nephiloides*）。

这是一种树皮螳（*Liturgusa sp.*），它会垂直地贴紧树干表面，让自己和环境融为一体。要不是从侧面观察，真的很难发现它们。

这是一种头上长角的肉食性螽斯（*Copiphora hastata*），强大的前中足可以用来捕食小昆虫。

这是当地的另一种肉食性螽斯，即大名鼎鼎的青牛螽斯（*Copiphora rhinoceros*）。同样发达的前中足基节完美地增加了它捕食的欲望。

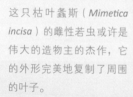

这只枯叶螽斯（*Mimetica incisa*）的雌性若虫或许是伟大的造物主的杰作，它的外形完美地复制了周围的叶子。

来自螽斯（*Mimetica castanea*）的逆天拟态。

红尾蚺是在美国乃至全世界都非常流行的一种爬宠，来自中美洲和南美洲的热带丛林。红尾蚺的成体体长可以达到 3 米左右，是名副其实的巨无霸。不过，我发现的这一只红尾蚺还是一只小宝宝。它发现我的手电筒灯光后慌张地爬到了地上，抬起脑袋。我正好可以给它拍摄一张特写。

亚伦珊瑚蛇（*Micrurus alleni*）在林下行走。

徒步维拉瓜，
自然给予的馈赠

连续徒步十几个小时，
只为了寻找心中的那个梦。

　　等我回到了车上，已经凌晨5点。虽然心情依旧无比激动，但是疲倦笼罩着我。不得不说，即使有强烈的念想支撑着我继续寻找，几十个小时的连续运作也已经让我的大脑还有身体都接近于宕机的状态。我把座椅靠背调到最低角度，靠着闭上眼睛，昏昏沉沉地睡去。

　　我感觉我闭上眼睛没有多久，就被人摇醒了。原来是男主人回来了。他在森林公园里值夜班，自然不知道我也一晚没睡，估计他以为我已经睡了一晚上。我尴尬地睁开眼睛，他递给我一杯咖啡和一块饼干。这杯哥伦比亚咖啡没有放任何的糖和牛奶。对一个亚洲人来说，简直比我们小时候喝的中药还要难以下咽。但是男主人的盛情难却，我只好硬着头皮喝下了那一杯黑色的液体。这下可好，想要回车上继续睡觉已经是不可能的事情了，我处于神志无比清醒和无比疲倦的状态下。想着已经是睡不着了，我看天色已亮，就前往男主人上班的森林公园。

　　当我把车开进公园大门时，来了一个身材高挑的当地女孩。她弯下腰，面带微笑地看着车里的我。虽然被盯得有点不好意思，但我还是故作镇定地向她询问是否可以把车停在这里。然而她只是看着我微笑，并没有回答我的问题。我怀疑她听不懂英文，于是又询问了一遍。

"哦！对，是这儿！"她仿佛刚从梦里回来一样。

我停好车，走进了森林公园的接待中心。一个看上去40多岁的女士快步走向我，说她是我今天的向导。我欣然接受。有一个有经验的当地人带我寻找昆虫总比自己寻找要方便许多，我这样想。

不过事实证明，我错了。在接下来的一个小时，我不断地向她介绍我们沿途发现的各种昆虫和其他动物，而她只是不断地感叹我的眼力。这一片叫维拉瓜森林公园（Veragua Forest）。维拉瓜在当地

站在山坡上眺望远处，感觉自己被大自然包围着。

代表着水，我想这是在形容当地多雨的气候吧。

当我们走到谷底，哗哗的瀑布声淹没了我们谈话的声音，空气中飘浮着水珠，让在太阳暴晒下的雨林显得格外凉爽。木栈道被两边的芭蕉树、天堂鸟覆盖着，走在栈道上如同走在一条绿色的隧道中。两边林中的动物层出不穷，不断有新动物刺激着我的视觉神经。

这不，当我刚进入这个绿色的隧道，栈道边的一片叶子上的一只小螳螂就引起了我的注意。这是一只雌性的细足螳。它没有翅膀，不是因为它没有羽化成体，而是因为雌性螳螂的翅膀已经完全退化了。

细足螳亚科（Thespidae）的螳螂。

在森林中遇到蛇并不算一件倒霉的事情。"天哪，Jason，你看，那边有一条小蛇！"我顺着向导手指的方向看去，果然是一条当地特有的小蛇。它仿佛也听到了我们的声音，仓皇而逃。我不得不追过去，趁它钻进树丛前按下了快门。

有趣的是，我们接下来碰到的另外一只更加纤细的小蛇决定殊死抵抗。

时间已接近正午，即使是隔着树冠层，我也能感受到强大的热

一条纤细的小蛇（*Leptophis sp.*）因为我而受到了惊吓，匆忙逃窜。

另一条更加纤细的小蛇（*Oxybelis aeneu*）决定殊死抵抗。

在布满苔藓的栈道扶手上，也能找到一些纤细的螳螂若虫。它们实在太弱小了，仿佛一阵风就能把它们吹向天空。

切叶蚁（*Atta sp.*）在林下忙碌着，一片片的小叶子如同长了脚一样在排队前行。

辐射从树顶不断地蔓延到林下，不一会儿我就已经满身是汗了。

离开公园，已经是下午了。咖啡所带来的兴奋已经渐渐消失。我回到车上，终于抵挡不住困倦，好不容易给自己找了一个相对舒服的姿势便睡去了。睡梦中，不断浮现来自加勒比海域的乌云带来的暴雨，而我就躺在一叶小舟中，不断在暴风雨中摇晃，如同我们人类在大自然中的身份一样，渺小，虚无。

当我再次醒来时，已经是傍晚。

趁着天色还比较亮，我沿着山路行走观察地形，不知不觉便走到了山的另一边，这里住着 Oscar 一家。他曾经是哥斯达黎加的海关人员，因为喜欢田园生活，毅然辞职住到了山里。当我路过他那破旧得就快散架的木屋时，他正悠哉地喝着奇苦无比的哥伦比亚咖啡，还举杯问我要不要来一杯。我马上尴尬地谢绝了他的好意。Oscar 是个可爱的小老头，已经有了孙子和孙女，却依旧保持着一份童真，对自然充满热爱和好奇。他对我说，他非常喜欢蛇，有时候自己也会钻进丛林寻找蛇类。我俩相谈甚欢。我邀请他和我一起进山寻虫，他也欣然同意。我终于不是一个人探险了。

在林下行走的时候，由于没有道路，我和 Oscar 只能专心于寻找可以行走的空间。巨大的芋属植物就像一把把雨伞一样遮挡在我们眼前。"快来看！这里有个小勇士！" Oscar 指着一只头顶犄角的青牛蟊斯说道。"嘿，这东西打架可厉害

了！"我兴奋地回答。"除了你说的那种大螳螂，它就是霸王。"Oscar
显然很喜欢青牛螽斯，一个劲儿地夸它。青牛螽斯曾经在《昆虫生
死斗》这部娱乐性质的纪录片中出现。虽然这是一部娱乐性质的纪
录片，但是青牛螽斯打斗的本事可是发挥得淋漓尽致。这种螽斯的
头部可以大幅度地旋转，非常灵活，前足上长满了巨大的刺。

青牛螽斯的正面看上去如此霸气，也难怪 Oscar 喊它"小勇士"了。

青牛羰斯虽然帅气，可我还是惦记着我的叶背螳。我们走到了一片密林下。这片密林中有一片比较开阔的地带，长满了天南星。我的视线习惯性地扫过这些巨大的叶面。突然，在其中一片蔓绿绒上，我发现了一丝异样。

"天哪，快看我发现了什么！"我突然冲 Oscar 大叫。他循声回头，满脸期待地看我指着的一片大叶子。但很快，他的期待变成了茫然。他将信将疑地把脸凑到叶片上扫视一通，却依然没看出什么端倪，再次充满疑惑地抬头望着我。我赶紧把手指放到大叶片上的"小叶子"旁："大螳螂！"他这才找到那只趴在蔓绿绒叶片上的雌性叶背螳成虫。

这是一只雌性的叶背螳成体，通体翠绿，椭圆形的革质前翅不仅模拟出叶片的形状，表面还有酷似叶脉的翅脉。若是趴在大小合适的叶丛中，我在它面前大概会变成"睁眼瞎"。我曾经无数次地在脑海中幻想，有朝一日能在野外见到叶背螳。我也曾无数次地在网络上寻找它们的图片，而如今，这只叶背螳终究是实实在在地在我的眼前了。

雌性菱颈叶背螳的成体，站在林下的蔓绿绒（*Philodendron pastazanum*）上。

我与 Oscar 一家人。

　　如愿以偿地见到了叶背螳，我心中的一块大石头也总算是落下了。我的注意力逐渐转移到了发现其他的各类昆虫上。

　　对于我能找到叶背螳，Oscar 也感到非常高兴。他透过我的眼神，看出了我对这种螳螂的喜爱。在接下来的五天，我们也偶尔相约一起去山里徒步。他和我讲述着他的家庭、他的故事，我与他分享我的见闻、我的过往。尽管他比我大了二十岁，但是我们之间没有任何的格格不入与代沟。

　　旅程终归要结束。在利蒙山区的七天很快就接近了尾声。在离开之日，我邀请 Oscar 全家和我一起合影。一段新的旅程也很快会在这次的叶背螳之旅后展开。

我的车就停在这条路上。

　　这是在我停车的地方所拍。路为山顶，左右都是下山的斜坡。海拔不高，也不陡峭。平时上午，我就会沿着这条路一直走。野外探索，最艰难的事情之一就是走夜路。我一般会在晚上 5—6 点出发开始徒步，一直进行到后半夜的 3 点左右归来，连续徒步 9—10 个小时。一个人走在森林里，害怕吗？答案是肯定的，我不止一次地想家，想温暖的床、好吃的食物，想我的家人。

　　以前，我想象着有一天，我能亲手捧起叶背螳。如今，我的梦想终于实现。

　　或许有人说，我能在野外找到叶背螳是运气。

　　我不否认运气的成分，但是之所以能得到运气的眷顾，是因为：

　　　　它们是我徒步超过 60 个小时换来的；

　　　　是我被蜱虫叮咬之后咬着牙挖掉肉换来的；

　　　　是我每天嚼着干硬的饼干换来的；

　　　　是我每天睡在车里还要经常被暴雨打醒换来的。

　　我做到了重要的运气以外的其他事情，然后再等待着运气去填补最后的一步。

　　所以，我配得上叶背螳这枚奖章。

亚马孙丛林，
我的童年的梦境

小时候就向往的地方，
我来了。

　　经历了一天的飞行，我到达了世界海拔第二高的首都，厄瓜多尔的基多。它位于海拔两千至三千米的安第斯山脉上。下了飞机，它让我想起了川藏线的318国道。租好汽车之后已经是后半夜。即便是在赤道上，由于海拔的原因，夜晚也让人觉得凉飕飕的。次日中午，我便出发了。从地图上看，接下来我会经过海拔5704米的安迪萨纳山（Antisana）山脚，一路向东前往我的目的地。安第斯山脉东部从四千米下降到平原只有短短几十公里。这一带包括了高海拔戈壁、高原云林（由于亚马孙盆地大量蒸腾，再被风吹到安第斯山脉附近，形成了一年几乎天天下雨的气候），最后到达亚马孙平原。这趟驾驶行程接近八个小时。我并不是第一次进行长时间的单人驾驶，所以看到路线上的时间，我反而更加兴奋。很多时候，我非常享受一个人长途旅程的时光，窗外不断变化的风景足以让我对接下来的每一段路程都充满期待。

　　上坡的过程和折多山或者海子山很像。壮美的云层和荒凉的戈壁不断地向我诉说着这片土地辉煌的过去。

站在垭口向回望去，那是我离开的基多。

我来到垭口，四千多米的海拔让我产生了一点缺氧的反应。安第斯山脉是世界上最长的山脉。山脉的长度接近九千千米，是世界上最有特色的地形特征之一。它从巴拿马的东部一直延伸到了智利，对南美洲甚至整个半球的气候产生了巨大的影响。站在这样的山脉高原上，我的内心充满敬畏。从层层山脉的缺口中望去，我看到了基多以及晴朗的天气。这里并没有太多的生机，尽管路边的指示牌上写着让过往的司机小心熊的出没。南美唯一的熊就是安第斯熊，它还有一个可爱的名字，叫眼镜熊。

　　沿着 45 号公路继续下山，山路边上是一条溪流，这便是亚马孙河的其中一个源头了。这条溪流奔腾而下，最后进入纳波（Napo）流域，再与其他溪流汇集，最后在秘鲁和巴西的交界处进入亚马孙河。渐渐地，气候开始湿润起来，这便是安第斯山脉囤积雨水的地段。

这一段云雾缭绕，几乎终年下雨。植被生长极其茂密，并且是保存完好的原生林。我这样的自然爱好者当然按捺不住内心的狂喜，想马上下车进行一番搜索。可是考虑到还有大概 5 个小时的车程，我只是在山路行走了一段之后，便回到车上继续我的行程了。

7 个小时的驾驶之后，我经过特纳（Tena）、普约（Puyo），来到海拔为两百至四百米的低海拔雨林。路过普约之后已是日落。虽然还有两小时的车程，但这并不影响我停下车、举起相机记录夕阳西下这一美丽的瞬间。

停好车之后还需要步行 40 分钟才能到达住宿的地方。接待我的是 Chris，来自瑞士，他的夫人是厄瓜多尔人，他几十年前就来到了这个国家。

这块地方处于普约市往东大约两小时路程的深山里，在离开普约市之后便失去了电话信号。虽然接近平原雨林，但是依然有几百米的海拔变化，所以水路多以山涧为主。极小的水路适合自行行走，而不需要船只相助。这片山里只住着 Chris 和他的一名工人。住宿的

夕阳之下，远处是安第斯山脉。

113

坐落在丛林中的小木屋。

客栈是三间小木屋。一间木屋有餐厅，二楼是 Chris 的住所。另外两间小木屋都是家庭套房，从 Chris 的木屋走过去大约有一两百米的路程。

　　客栈在深山里，木屋外就是环境极佳的原生林。客栈东边的山上两公里处有一块空地，从那里可以俯瞰广袤的亚马孙平原。选择这块区域，我自然是做足了准备工作的。这片区域远离任何一个地图上可见的大城市。卡内洛斯（Canelos）是距离我最近的一个村庄，这个村庄接收不到信号，当地人依然过着最淳朴的生活。这里的山路到处是石子和凹凸不平的坑，这对我的驾驶技术又是另一个考验。我把车停在一座长达 100 多米的吊桥边上，这吊桥距离下面奔腾的河流大概有几十米高。Chris 已经在这里等候我许久。我们一路聊着天，向着山里走去。

　　扛着大件行李行走山路是一件非常折磨人的事情。虽然我自认为有很好的脚力，但负重前行真的不是我的强项。尽管 Chris 负责扛着我的行李箱，但是单反相机、三脚架以及书包里的一些物品加在一起依旧非常沉重。我们走走停停，到小木屋的时候已经 9 点了。Chris 给我榨了一杯非常好喝的果汁就休息了。我放好行李之后，直接踏入了夜色中。

亚马孙丛林中物种的丰富程度大大地超乎了我的想象。如果放在几年前，能够亲身进入雨林发现并且观察这些物种，对我来说奢侈得无法形容。

小木屋就位于雨林的深处，所以很快，我在小木屋门口就发现了这只奇特的螽斯。大多数昆虫都有着很强的趋光性，小木屋有一盏灯晚上一直开着，所以周边的昆虫纷纷地聚集过来。

螽斯（*Diacanthodis cristulata*），这只和苔藓一样的螽斯还是 2017 年刚发布的新种呢。

巨大的蟑螂（*Blaberus giganteus*）体长可以达到 10 厘米。其实第一次发现这种蟑螂，是我刚停好车走上桥之前。当时着实吓了我一跳。平时我是比较讨厌蟑螂的，因为我们常见的德国小蠊、美洲大蠊都能让人想到肮脏的下水道和发霉的地窖。可是在雨林中发现的蟑螂又是另外一番情形。它们代表了自然和生机。所以再次在小木屋边上发现这种巨大的蟑螂时，我也忍不住把它抓起来拍了一张照。不过要抓住它们还真不是一件容易的事情。巨大的体型意味着更大的力量。为了捏住这个大家伙并且不让它抓疼自己，我颇费了一番功夫。

龙虾螽斯（*Panoploscelis specularis*）的块头可以说是巨无霸了，拿在手上极其有分量。这一类群长着巨大的身躯，大多为草食性，虽然也有一些肉食性的，但是并未在野外观察到其捕食行为。而且非常奇特的一点是，雌性螽斯的身上有和雄性螽斯一样的发声器。科学家怀疑，这类螽斯可以通过声音来进行交流。声音已经不单单作为雄性吸引雌性的手段了。

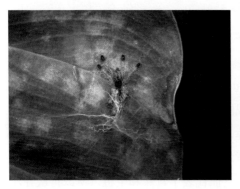

小型捕鸟蛛，这应该是一只粉趾捕鸟蛛属的树栖捕鸟蛛。它们的幼体生活在叶子上，会把叶子卷起来，在里面织网做窝，捕食路过的小昆虫。

枝螳（*Apioscelis sp.*）是一种非常神奇的螳虫，乍一看神似竹节虫，细细一瞧原来是一种螳虫。根据后来几天的观察，当地有三种枝螳，其中一种体型巨大，便是现在所发现的这种。它的体长可达15厘米。

亚马孙雨林被称为地球之肺并不是没有原因的。它地处南美板块的平原腹地之中，西部是由纳斯卡（Nazca）板块和南美板块亿万年挤压形成的、除喜马拉雅山脉之外最高的，也是世界最长的安第斯山脉。安第斯山脉挡住了往西飘去的所有雨水，确保了整片亚马孙雨林所蒸腾的水量，以及大西洋的暖湿气流能够完整地返回整个亚马孙盆地。

我抵达当地的时候，正好处于旱季的尾声。但是接下来的几天，我意识到，原来亚马孙没有旱季，只有雨季和狂雨季。在亚马孙的几日里，前一秒艳阳高照，而后一秒就可能被暴雨淹没。站在小木屋里，大雨倾泻而下，屋檐外就好比瀑布一般，成了一道水帘。如果遇到这种天气，最好的方法就是躺在屋里睡上一觉。

正当我在丛林里没多久，大雨就瞬间来到，我只好躲在一些大型蔓绿绒叶下避雨，甚为狼狈。

由于当地土质松软，一旦下雨，山路便非常难走，每一步都好似踩进沼泽之中，需要费很大的劲才能把脚拔出来。接下来的几日，这样的气候着实让我吃足了苦头。

我冒着雨，一路跟跟跄跄地跑回小木屋。尽管浑身都已湿透，尽管我也已经非常疲惫，但是我依旧希望大雨尽快停下来，这样我便可以出去继续探索。我在小木屋里等了大约一小时，看到暴雨没

这只胖头螽斯看着非常滑稽、可爱。它居然没有腹部。我凑近一看，它的腹部因为某种原因畸形了，没有发育。

有停下的意思，只好将这一天画上句号，上床休息。

　　暴雨持续了一整夜，直到第二天早上才停止。即使过去了很久，我依旧怀念在热带雨林中醒来的感觉。我想，我们人类本身来自自然，所以也许当我回到大自然中的时候，我的灵魂才能找到归宿吧。

　　热带雨林拥有巨大的蒸腾量。白天，大树们争相追逐更高的空间，获取更多的阳光。树木必须打开叶片中的呼吸孔，空气可以吹进细胞内部湿润的表面，从

在丛林中，植物都相互竞争，几乎所有的地方都长满了各类植被。

雨过天晴的彩虹。

而让空气中的二氧化碳被吸收，在细胞内部转化为糖，为树木提供生命的动力。当然，在这个过程中，水汽就会从叶片打开的呼吸孔中蒸发到空气中。赤道上，强烈的阳光使得从叶片中蒸腾出来的水汽大大增加，广袤的雨林提供了巨大的蒸腾量。晴朗的天气往往持续不了一个小时，天空就会乌云密布，开始下起倾盆大雨。雨水持续大约两个小时之后，天空便又会恢复晴朗。

白天是趁着天色观察地形的好时机。尽管睡眠时间很少，但我还是会顺着山里的小路四处走走。许多昆虫也会在白天活动，主要以直翅目的蝗虫为主。它们是典型的日行性昆虫，在晚上会抱着一些草本植物睡觉。

而林下的蕨类和朽木景观自然是不能错过的。这种小区域景观中也有着丰富的生态循环。在国内非常流行的雨林缸（vivarium）就是根据野外的环境来打造的一种取代鱼缸的新型家庭装饰。

初次进入亚马孙雨林，我的心情自然无比亢奋。相比于之前我探秘哥斯达黎加，这一次丛林探险，我至少有床可以睡，不用和上次一样睡在车里；我至少有了像样的食物，而不必啃食一个礼拜的饼干和罐头。这对于野外探秘来说是非常重要的。良好的休息环境让我可以有更充足的体力去迎接更残酷的挑战。

暴雨中的帕斯塔萨，
与美洲豹相遇

独自在暴风雨中，
是什么让我敢于面对生命的威胁？

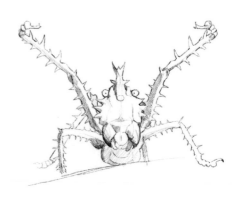

　　傍晚 6 点，一场暴雨结束之后，我看到天空放晴，才想着今晚应该是一个晴朗的夜晚。于是，我便踏着夜色出门了。

　　帕斯塔萨省（Pastaza）覆盖了亚马孙流域的源头与上游。在这一片区域内多是山地丘陵。在丘陵山地中行走，迷路是常有的事情。我自认为是一个认路的好手，但如果白天没有好好地靠着自然光去观察周边的环境和植被，在夜晚漆黑的丛林中，非常容易迷失方向。茂密的森林也挡住了任何可能透进来的月光，况且，在亚马孙丛林的夜晚，也很少能见到完全晴朗的夜空。我走到一个向下延伸的山坡前，借着头灯的光线从坡上望下去，茂密的大型魔芋就像聚集的 UFO 一样，不远处就是一片漆黑。湿度接近饱和的空气，伴随着飘散的水雾，挡住了我头灯射出去的大部分光线。但林下密集的灌木就像毒品一般吸引我。我不断在想下去之后如何上来的问题，便开始扶着一株一株的魔芋往下走。我走到山谷的最底端时，早已汗流浃背，却欣喜地发现一只鬼王蓟斯。

　　鬼王螽斯并不是这一类螽斯的学名,而是拥有着如此恐怖相貌的螽斯属的俗称。我发现的这一只,是鬼王螽斯属里面体型最大的一种。这家伙的长相非常有特点。首先,它拥有巨大的头部以及非常可怖的口器。其次,它全身上下,包括头部两侧以及六足的腿节、胫节都布满了吓人的刺。虽然我遇到的只是一只若虫的个体,但它已经有一支牙膏那么大。"鬼王"一词,果真名不虚传。与鬼王螽斯并没有玩耍多久,丛林间开始响起了雨点的声音。我自知不好,却也存着侥幸心理,希望这朵刚好飘到我头顶的云能马上离开。然而,过了几秒钟,巨大的雨点就如巨大的水盆倒翻了一般浇下来,整个雨林中,只有咆哮的雨声以及树叶被雨点砸中的嘶吼。我被困在谷底,眼睛几乎看不见前方超过两米的东西。我试图沿着坡爬上去,全身的衣服都因为湿透了而变得异常沉重,脚下的泥地已经成了一道道泥石流,每一步都需要费尽力气。而陡峭的山坡又变得异常湿滑。

我试图抓住可以抓到的一切，树干、蔓绿绒茎叶，却怎么也改变不了我走三步滑两步的狼狈。能见度几乎为零，寸步难行，这便是亚马孙雨林给我这个愣头青上的一堂宝贵的教育课。不知过了多久，也不知摔倒了多少次，我终于爬到了坡上。即使之前孤身一人在哥斯达黎加丛林，也未曾如此筋疲力尽。我早已放弃了回去躲雨的念头，让雨水尽情地打在我身上，感受着这未曾体会的狂野。过了大约十分钟，雨终于变小，停了。林下，又成了蛙鸣和虫语共同交响的音乐会现场。

经历了这一次的教训，我便尽量走在地势相对平缓且相对高一点的地方，防止出现暴雨让我无从应对的情况。

可爱的树蛙俏皮地抓住树枝。它的背上是伪装成绿色苔藓的保护色。说起保护色，这只蜥蜴也不遑多让，身上的花纹就和枯叶一般。如果它钻入枯叶堆中，我或许永远也无法找到它。但是很显然，它站错了地方。

羽化，是昆虫经历幼体到成体的那一步。对于不完全变态昆虫来说，那是若虫的最后一次蜕皮；对于完全变态昆虫来说，那是破茧而出的一步。无论如何，在夜晚羽化是大多数不完全变态昆虫的选择。

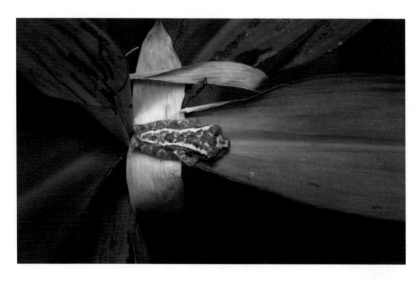

树蛙（*Rhacophorus*）。

因为夜晚较高的湿度利于它们顺利地从旧皮中钻出，并且让自己的翅膀充满体液。同时，夜晚可以让它们避免许多猎食者的捕食。

已经是午夜时分，由于心血来潮，我想征服这座海拔不高但充满神秘的小山。天空中已经没有了雨点，林下的湿度依然接近饱和。远处，可以听到一条山涧的水声。虽然没有下雨，却是雷暴天气，天空中闪雷不断。我无时无刻不在担心着再度下雨。当我走到一片林下相对开阔的地带，突然一个大型动物出现在我的视线里。

它身上大型的花斑告诉我，这是一只美洲豹。

美洲豹是世界上第三大猫科动物，体型仅次于狮和虎。虽然花纹和豹一样，但是身型却和虎一般。初次看到这样巨大的野生动物，我着实被震惊了。显然，它也发现了我的头灯。按道理，以美洲豹的敏感，应该早在我发现它之前就觉察到了我的到来。可是它并没有第一时间看向我或者采取行动，而是等我走到距离它只有几米之处才转过头来。黑夜中，它的双眼反射着我头灯射出的光，雾一般的水汽让这只全身斑纹的猛兽更为神秘。我没有继续往前走，也没有逃跑。我知道，万一激怒了它，那会比暴雨更加麻烦。和咬合力高达1250磅的美洲豹搏斗，我毫无胜算。和祖祖代代生活在丛林里的它相比，我没有跑赢它的任何希望。事后想起，当时的情况诡异至极。一人，一野兽，在漆黑的夜里，林下，静静地看着对方。我不清楚它是在犹豫，还是也在害怕，或者是根本不知道这个发着刺

细足螳亚科的雌性成虫。

眼光芒的是什么生物。我也不知道我是在恐惧，还是已经被恐惧刺激得没有了任何感觉。

好在，最后它似乎对我失去了兴趣，回过头，幽幽地向着左边的坡下走去。它行走起来悄无声息，只隐隐约约地传来灌木被它的身体拨开的响声。我呆若木鸡地站在原地，我的呼吸这才开始急促，似乎刚才的那几十秒，我一直都处于屏气的状态。这只美洲豹并没有攻击我。也许当它知道我是那个害得它们种群濒临灭绝的物种的时候，它才会怒火中烧，处决了我这个同样无辜的人类吧。

在阳光难以穿透的丛林中，昆虫、两栖类、哺乳动物共同演绎着生与死之间的较量。甚至我自己，也成为这雨林中博弈的一部分。我想起我的鲜血也曾是当地吸血蝇、蚊子的食物，这似乎把我和亚马孙丛林的距离又拉近了一些。

我的坛城，

一叶一世界

叶背螳对于我的意义，
不单单只是向往着拥有一只螳螂，
更多的，是在野外发现它们的那一瞬间。

　　任何一种生物，都在努力地争取生存下去的机会。奇妙的自然、亿万年的演化，让我们有幸见到生物多姿多彩、千奇百怪的求生方式。在各类方式中，有些生物拥有超强的繁殖能力，让它们的后代拥有巨大的生存机会。有些生物有世界上最可怕的毒性。毒性可以保护自己免于掠食者的捕杀，可以快速地杀死猎物，这些都是重要的生存技能。有些生物有极强的适应能力，它们分布非常广，可以在很多恶劣的环境下生存。当我们看到蝗虫们成群结队，当我们感叹蝮蛇拥有那死亡一吻，当我们惊讶于打不死的小强时，有一类动物或许没有强大的身体，没有匪夷所思的繁殖力，甚至只能依存于很小的一块森林生存，但是这类动物拥有智慧的生存方式，那就是伪装和拟态。

　　伪装和拟态的方式有很多种，但大多为假扮成另一种生物或让自己和环境融为一体，对掠食者起到迷惑性的作用。

　　热带雨林存在大量拥有着完美的伪装和拟态的小动物。

之前遇到的各种螽斯是首屈一指的拟态高手。一部分螽斯有宽大的前翅，前翅上的花纹和形状不一，千奇百怪，但大多都和周边环境中的叶子非常相似。这一类螽斯在野外的时候，会将后足伸直紧贴叶面，让它们看起来就像是一片立在另外一片叶子上的树叶。有时候我发现了它们，即使我用手去拽，它们也会牢牢地抓住叶面并且岿然不动。

有些螽斯干脆全身长出了凸起，又叫扩展。这些类似地衣、苔藓之类的凸起让它们不需要时刻保持着僵直的姿态，因为它们已经完完全全地和环境融为一体。如果不是它们不小心离开了应有的环境，那么要找到它们，是需要非常好的眼力的。

彩翅螽（Pterochrozinae）的翅膀就如同大自然的颜料盘一般，它们在丛林的各处演绎着拟态的最高境界。

另外一种以拟态闻名的昆虫，便是大名鼎鼎的竹节虫了。竹节虫，顾名思义就是和竹子一样的昆虫。这种昆虫的身体上覆盖着一层粗糙的外骨骼，看上去就和干枯的树枝一样，有一些光滑的就和植物的茎叶一般。

我不止一次表达过，所有昆虫中，最令我着迷的就是螳螂了。它们就像是我生命中的一把火，带着我一次次地走向疯狂的探险之旅。2016 年，我孤身一人在哥斯达黎加找到了我喜爱的叶背螳，而一直对同属另种的斯氏叶背螳（*Choeradodis stalii*）垂涎三尺的我，又怎么会甘心于只拥有一种叶背螳呢？既然来到了世界物种的宝地亚马孙，我又怎么会错过发现各种螳螂的机会呢？

论美丽，兰花螳螂更胜一等；论酷炫，非洲的大魔花螳当仁不让；但是要论吸引人的程度，斯氏叶背螳把身体压成扁扁的、趴在叶子上的拟态行为堪称一绝。斯氏叶背螳拥有着无与伦比的迷人外表。它的背板是一个很明显的五角星形状，背板的正面还有黑红色的花纹，这美妙的点缀恰到好处。这次亚马孙雨林之旅，除我从小对于这片丛林的向往之外，叶背螳是真正让我把这件事情提上日程的原因。

我自认为，我是世界上对叶背螳最痴迷的人了。我曾经发了疯似的寻找网络上各种关于叶背螳的资料。无论是Facebook、Instagram，还是各种图片分享网站，我尽可能地去搜集关于叶背螳的一切资料。2016年，我前往哥斯达黎加雨林，终于找到了菱颈叶背螳。在野外观察，以及带回来饲养繁殖的过程中，我累积了大量关于叶背螳生活习性的经验。这次前往亚马孙，主要就是想对斯氏叶背螳，这个号称最美叶背螳的种类进行探索。

第三次寻找叶背螳，我自认为已经是非常有经验了。可是由于其强大的伪装能力，加上数量稀少，即使在亚马孙这样适合它们的栖息环境中，也很难寻找。住在这座山里十多年的Chris告诉我，他多年来也只看到过一次这样的螳螂。

从第一天到木屋之后，我的每一次出行，无论是白天还是黑夜，都会特别注意适合叶背螳生存的植物环境。不过说实话，经常是放眼望去，感觉所有的叶子都非常适合叶背螳栖息生存。这样的环境听上去甚是完美，可是越是这样的环境，越给我的搜寻造成难度。

叶背螳喜欢的环境，就是林下散射光充足的蔓绿绒灌木了。

129

如果说第一天晚上，因为暴雨的降临加上舟车劳累早早地让我结束了搜寻，那么第二天，我几乎是从睡醒之后就开始了搜索。从早上9点，到晚上6点，行走了一天之后，我有一点点气馁了。我开始有点怀疑自己是不是找错了地方。这天晚上，吃好晚饭之后，我邀请Chris和我一起去山里寻找生物。当然，他也非常乐意去体验一下丛林中的夜间探秘。我们一边在丛林里穿梭，一边聊天，直到我们路过一条小溪流的时候，他提到，在雨季的时候，每年都有大概一个小时，这条小溪会变成洪流，水位甚至会淹过我们所处位置的头顶。这让我恍然大悟。因为这条小溪已经是在半山腰了，如果它泛滥，那么比这条小溪低矮的丛林，岂不是每年都要遭受一次长达一个小时的洪水淹没？虽然Chris告诉我，洪水来临的时候，其实水流不快，尤其是山里，水几乎是静止的。但是我知道，这样的大水足以赶跑在小溪流下方的叶背螳，因为叶背螳并不会上树，它们没有逃跑的机会，而且螳螂的种群并不像其他昆虫能迅速地在几个月之内重新覆盖露出水面的灌木丛。所以如果我要搜寻叶背螳，必须在洪水的水位线之上进行搜索。Chris睡觉之后，我继续着我的探索。虽然确定了搜索范围，但是这个范围并没有减少太多，因为水位之上，也是无穷无尽的山地雨林。而且，水位之上的山地雨林，我也进行过长时间的搜索，并没有发现它们的踪迹。

　　接近午夜的时候，我在一个很陡峭的斜坡上，经过一大片林下。这里的林下，生长着大量的天南星科植物。而就在一个拐角，我发现了这只斯氏叶背螳的幼体。这是一只雌性若虫，从各方面几乎都是完美的个体。它静静地站在叶子上，仿佛就像上天赐予我的一片翡翠。我依然像第一次在凌晨4点发现叶背螳一样，尖叫了出来。就像欣赏一件艺术品一样，我甚至不舍得用我的手去碰它。在观察了它接近十分钟之后，我以无数的角度拍了无数张照片，最后才用我颤抖的双手捧起这只美丽的叶背螳。

　　叶背螳在常人看来也许只是一种类似于树叶的昆虫而已，但是对我来说，它在某种程度上已经超越了昆虫本身。我将它看作一种信仰。这听上去或许很疯狂，但是我因为这种螳螂经历了太多。我

愿意花费一星期的时间，独自一人住进丛林来寻找它们。我也会花大量的工夫去学习和研究关于它们的一切。很多时候，就算是静静地看着这如绿野般的美丽生物，也能让我感到心情愉悦。就像戴维在《看不见的森林》中所选的"坛城"一样，这叶背螳，也是我心中的"坛城"。

　　第三日晚上临走前，Chris 和我说，希望我今晚会有好运。我说是的，便穿上雨鞋前往山里。在从小木屋出来下山的路上，左边有一片很高的灌木，灌木中有一条很小的道。Chris 对我说，这条小道会通向很远的地方。既然很远，那么对我来讲就是比较兴奋的一件事，因为有时候，走足够远的路，才能遇到足够多的昆虫。这条小路被各类大型的灌木覆盖着，就算在白天也非常阴暗。在丛林里穿梭了一段时间之后，小道通向了一条小溪流。在溪流中行走，每一步我的腿都会陷进溪流底部深深的河床中。在冰冷的水流中还能发现很多小鱼小虾在游动。溪流被一棵巨大的倒木拦住了去路，倒木的旁边又出现了另外一条小径。在夜晚的灯光照射下，几米之外就被植物挡住了视线。但是我推测这应该就是通向山里的路了。走了没多

湿漉漉的叶面上，蝗虫也准备休息了。

旌螳科（Acanthopidae）的螳螂因为长得都酷似枯叶，所以有时候这个科的螳螂也被称作南美枯叶螳。图中是一只长旌螳（*Miracanthops sp.*），记录非常少。

久，路明显变得陡峭起来。向山上行走的时候，我不断地担心自己一会儿下山回来会非常艰难。不过担心马上就被搜寻昆虫的兴奋冲走了。这条路很明显几乎没有人走，以至于被植被覆盖得根本看不出来。我不得不一直把挡在路中间的树干、灌木拨开才能继续前行。这条路沿着山脊一直通向不知道多远的前方，路边都是向下的斜坡。这些斜坡上生长着各种南美丛林中植物的主角——蔓绿绒。这些大型天南星科的植物，有些年代已经非常久远，看上去一大片，但实际上可能只是一株。它粗壮的茎在地上不断地蔓延，每到一处就抽芽出来，长出一片巨大的叶子。有的叶片上面生长了各种地衣和苔藓。行走的过程中，不断有美丽的昆虫冲击着我的视觉。

　　行走了将近三个小时之后，我略微感到疲惫，因为在亚马孙丛林中我甚至不舍得在白天睡觉，而夜间又要不断地徒步，这对我的体力绝对是不小的考验。道路逐渐平缓，蔓绿绒也越来越密集，就在一个拐角处，我的目光又落在了一片巨大的蔓绿绒叶片上。这片叶片上的一个小图案引起了我的注意。这又是一只斯氏叶背螳的雌性成体。它发达的翅膀就如裙子一般穿在它的身上，让它的拟态如此的完美。而在我还没有惊叹完它的美丽时，我发现边上的另一片叶子上也有一只斯氏叶背螳的雌性若虫。因为它们，徒步三个小时的疲惫一扫而空。我静静地蹲着，欣赏着这神一般的物种。就算上天给我一百万年的时间，我想我也不会对欣赏它们在野外的样子感到厌倦。

　　一叶一世界，这是亚马孙给我的最好礼物。能够在野外观察到叶背螳对我来讲非常幸运，发现它们在野外时候的样子，对于学习、研究它们帮助非常大。以前，我们都认为螳螂是喜欢倒挂的昆虫，叶背螳作为一种大型的螳螂，我们之前也认为它们喜欢选择倒挂在叶子背面来躲避天敌的捕杀。而事实上，在野外发现的所有叶背螳，都更加愿意选择以一种站立的方式趴在叶子上。这种行为在我们看来更加容易暴露自己，然而，叶背螳的选择远比我们想象的要更加聪明。它们并不会选择在白天阳光可以照射到的地方。一方面在亚马孙丛林中，太阳光的紫外线非常强，晴天的时候，森林的表面温度很高，如果叶背螳被阳光直射，很容易脱水。所以它们会选择在树冠层保护下的林下环境。这样的环境，太阳光无法照射进来，只有相对柔和的散射光透过树冠层树叶之间的缝隙洒落到丛林中。同时，林下的湿度相对比较高，叶背螳也更喜欢选择这样的环境。另一方面，由于森林下没有外面强烈的光线，自然所有物体的阴影也会变得相对柔和。对于喜欢站在叶子上的叶背螳来说，柔和的光线让它的阴影显得不那么明显，于是，它们扁平的身躯可以更好地和环境融为一体。正因为这样，在白天我们更加难以发现叶背螳的踪迹。相比于很多别的螳螂，叶背螳很显然需要更多的水分。因为它的背板非常宽，可以说是世界上背板最宽的螳螂。在蜕皮的时候，它们需要把宽大的背板从狭小的旧外壳里蜕出来。如此一来，一旦在蜕皮的过程中旧的外壳硬化，那么对于叶背螳的打击是致命的。所以，它们需要居于靠近水源的地方。这些区域的夜间湿度高，可以保证空气中足够潮湿。如此一来，叶背螳就可以安全地从旧皮中蜕出来而不需要担心硬化的问题。根据叶背螳喜欢的环境，我们也可以推断出它们喜欢的食物。在林下主要由散射光为主的环境下，花朵相对不是很多，所以采蜜的昆虫就比较少了。晚上，莽莽撞撞的蜚蠊目昆虫最活跃。四处游荡的它们很轻易地就停留在各种植物上，有些

叶背螳抓住猎物之后会直接进食。

贪婪地啃食一些老去的昆虫尸体，有些寻找着一些结果植物落下的烂熟果实。而在寻觅的过程中，往往就有一片"叶子"突然伸出魔爪，紧紧地抓住路过的蜚蠊。这"叶子"就是叶背螳。

短短的七日一眨眼就结束了。对于第一次踏入亚马孙丛林的我来说，这仿佛就是一场梦。

这场梦在接下来的一年里，不断地出现在我的睡梦中。在梦里，我仿佛又回到了一个人住在小木屋的时光。这种和雨林的牵绊在我的心里不断地抽芽。每见到一个愿意聆听我在亚马孙丛林时光的人，我便一次次地和他讲述丛林里那些美好的回忆，那些不断出现在木屋如精灵一般的豆娘（蟌），那些黑夜中如羽毛一般的彩翅螽，以及那一只只如翡翠一样的叶背螳。2018 年，我终于下了再次回到亚马孙丛林的决定。

云谷明多，
冷与热的邂逅

安第斯山脉的西部，
或是狂野，或是幽静，
也曾炎热，也伴随着寒冷。

　　时隔一年，重新踏上这段旅程，对我来说更是一种归乡的感觉。说实话，我极其不喜欢充斥着钢筋水泥的大都市，反而更加向往布满绿色的乡野。再次降落在基多是一个下午。我可以静静地欣赏这壮阔的安第斯山脉。

　　安第斯山脉是世界上著名的山脉之一，几乎从南美的最北方一直延伸到最南部。在这跨度长达九千千米的山脉上，满布着各种火山，其中最高的山峰接近海拔七千千米。在过去的千百万年间，由于纳斯卡板块和南美洲大陆板块的相互碰撞、挤压，才形成了我们今天见到的安第斯高原。这山脉的最大特点是山脉的左右两边都是充满湿气的热带雨林，都有典型的新大陆物种。由于两边的物种百万年间无法交流，所以物种出现明显的分化。安第斯西部的物种继续向北蔓延，在拉丁美洲和加勒比海地区可以找到它们的分布。而亚马孙则成为一个西方有安第斯高原，北方有委内瑞拉高原，南方有巴西智利高原的三面阻隔的相对封闭的区域。也因为这样的地貌，亚马孙流域才能横跨整个南美大陆，把所有的水全部聚集在这一块"盆地"之中。

尽管曾经去过哥斯达黎加，但我还是想去探究一下安第斯山脉西部的丛林。这一次，我终于不是一个人了。

Bill 是一个整天喋喋不休但是很有趣的家伙。他移民到了厄瓜多尔，并且每天都在努力地游说我加入他的移民阵容。我下飞机不久，他从市区赶到了机场。会合之后，我们就前往租车中心取车。Bill 建议我休息一天再出发，但是我显然不想浪费在南美的每一分每一秒，所以我们选择了直接出发。不过由于长途飞行的劳累，我选择在安第斯山脉西部的明多（Mindo）地区休整一下。这是一片高原西部大约两小时车程的山谷。海拔变化从一千米到一千八百米。从基多开出来，翻越大约三千多米的垭口之后，我们感受到了来自太平洋暖湿气流的关怀。从山区一路向下，植被的变化尤其明显。最开始高山草甸荒凉一片，没过多久就出现了许多典型的热带植物。最让我眼前一亮的，是漫山遍野的"黄花"。当然这些黄花不是真正的花，而是在热带雨林造景圈子中赫赫有名的积水凤梨。积水凤梨是热带雨林中特有的附生植物，它们并不会长在森林的土里，而是长在树上。它们有发达的气生根，可以紧紧地抱住树干。积水凤梨获取水

在海拔三千米的石壁上，空气凤梨和兰花们自有各自的生存之道。

积水凤梨受到大量太
阳光线的照射，这也
让它们无比艳丽。

分的方式也比较特殊，在中央的叶片形成了一个小碗。这个小碗会
在下雨以及多雾的天气不断地收集水分。这些水被留在了积水凤梨
中间的小碗中，同时，也给很多热带雨林生物提供了完美的栖息场
所。最典型的就是有名的箭毒蛙，还有很多别的树蛙。它们会把卵
产在积水凤梨中，让蝌蚪生活在里面直到成体。在野外，积水凤梨
的生长可以用疯狂来形容，它们在海拔两千米以上的地区和另外一
种凤梨——空气凤梨组成强大的军团，几乎霸占了大树上的所有生
长空间。甚至，在一些阳光晒得到的土坡上，也是满坡的积水凤梨，
颇为壮观。不过，积水凤梨如果长得特别大，就会从树上掉落。一
旦掉落的地点晒不到阳光，积水凤梨就会因无法进行有效的光合作

用而失去养分来源。有些积水凤梨就比较幸运，它们掉在开阔地带，得以在地上继续生长。

　　海拔不断下降，空气湿度也大了起来，这里就是各种蔓绿绒植物的天下了，积水凤梨的数量相对减少。在丛林里，天南星科的蔓绿绒和各类兰花成了主角。湿润的空气让山谷里好似炊烟袅袅，不断地有云雾从丛林中升起。我们抵达了明多山谷（Mindo Valley）。在穿越了另外一段上山的盘山小道之后，我们抵达了在明多地区落

对于很多植物来讲，土壤并不是必需的。

经历了生态恢复，这小木屋也就似乎在原始森林中一样了。

脚的树屋酒店。酒店坐落在海拔一千五百米的悬崖上。主人告诉我，在几十年前，这片区域被过度开发成农场，很多树木被砍伐，多种植被消失了。后来很多当地人和一些来自欧美国家的环境爱护者将其保护起来，重新种植树木和兰花。经过几十年的保护，这片区域终于恢复了当年生机勃勃的景象。明多地区是厄瓜多尔安第斯山脉西部非常有名的保护区，开发农场时被毁坏的森林回归到了次生林，和原生林相接壤，所有的动物都回来了，整个山谷也成了野生动物的乐园。

一走进酒店，我便感受到了浓郁的雨林气息，坐落在丛林中的木屋拥有非常美丽、震撼的景色。

加上飞机上的旅途，我已经连续奔波了将近二十个小时，但是一进入热带雨林，所有的疲惫就几乎一扫而空。我和 Bill 放下行李，迫不及待地带上相机走到酒店的后花园探索了起来。这片后花园直接连通山下的原生林，沿着林间小道生长着各类兰花和积水凤梨。林下宽阔的地带，生长了大型的花烛和蔓绿绒。在丛林间徒步虽然听着比较吓人，实际上并不是非常危险。在安第斯山脉西侧的山地地区，土质比较坚硬，所以就算是穿着拖鞋，我也是如履平地。

夜幕降临之后，我们回到酒店用餐。酒店的主人 Merlin 已经为我们架起了高高的一盏灯，希望为我们吸引到一些昆虫进行观察。同时 Merlin 也提出想和我们一起进山转转。我们的探险团队多出一个人，我和 Bill 自然欢迎，当然也想让他知道他所居住的山里还有许许多多他没有见过的动物。吃了晚饭，我们三人就出发了。当地由于海拔比较高，就算是在热带地区，晚上的温度也会下降到十几摄氏度。不过低温完全不能阻挡我们高涨的热情。行走在山里，连 Merlin 都惊叹我们居然可以发现如此多的奇异昆虫。很多昆虫连在这里生活了十几年的他都没有见过。

接近午夜，Merlin 抵挡不住困意。"Jason，你们真的太厉害了，我可不行了。我需要回去睡觉，明天早上还要准备你们的早饭呢！" Merlin 说。

"哈哈，说实话，我也不确定我们几点回来，说不定我们回来的时候刚好可以吃上你做的早饭。"

"真的吗？太厉害了。好吧，你们晚上要小心，我先休息了。"

Merlin 说完就回去了。我问 Bill："你累不累？"

Bill 说："还好，东西（动物）挺多的，没什么困意。"

我们休息了一会儿，喝了一点水，又离开了酒店。这次我们前

一只很小的蝗虫（*Ripipteryx limbata*），它的身长不到 1 厘米。

往另外一个方向。在驱车前行了一小段路程之后，路边的一条小径引起了我的注意。

"要不走这边？"我说。

没等到 Bill 回答，我已经停下了车，准备钻进林子。Bill 也下了车，跟了上来。我们一前一后，有一句没一句地聊着天，在山里走着。但是这条路远比我们想象的要长得多。我们走了将近三个小时，却还是感觉走不到尽头。我听到了不远处的流水声，意识到这条路很明显会通向河边，但是无论我们如何走，都感觉和河水的距离没有缩小。不知不觉，时间已经到了凌晨 4 点，气温几乎下降到足以让我们瑟瑟发抖的地步。我已经看出 Bill 的疲倦，于是我建议他回车上去睡一会儿，我自己继续行走。

天色很快就开始泛白，我听到鸟儿的歌唱。连续徒步的我也感到了深深的疲倦。我回到车上，Bill 的呼噜声已经震天响。我驾驶着我们租来的小越野车回到被橙红色的朝阳铺洒着的酒店。Merlin 早已起床，尽管他已经知道我们会以通宵徒步来结束这里的第一个晚上，但是当他亲眼看到我们真的完成了头一天晚上和他所说的计划的时候，他的眼神里还是流露出了震惊。

"伙计们，我真不敢相信！你们真

这里白天黑夜的巨大温差非常适合各类兰科植物生长。

的没有睡觉吗？"

"是啊，我可一直是一个充满干劲的人。"尽管我已经困到不行，但还是装作精神抖擞。

吃完 Merlin 准备的早餐之后，我并没有急着睡觉，也许是早餐中哥伦比亚咖啡的咖啡因又把我拉到了亢奋的状态。Bill 看上去和我一样，不过他可能觉得一个小时的睡眠对他来说已经足够，于是我们前往山脚下明多山谷中的蝴蝶园参观。

在热带雨林中的蝴蝶园有着得天独厚的优势。一方面因为温度和湿度非常完美地符合各类蝴蝶对生活环境的要求，另一方面因为热带雨林有着蝴蝶原产地特有的植被，许多蝴蝶的幼虫都可以找到自己的寄主植物。在蝴蝶园中，有很多蝴蝶蛹都被工作人员挂在了木板上，看上去就像一颗颗宝石一般。

参观蝴蝶园的一项重要任务是顺便查看山脚下的地理环境。晚上因为光线原因，我们无法见到整个地形的大环境和植被的分布状况。而在白天阳光的照射下，我们不但可以欣赏南美丛林中各类美丽的植物，还可以区分不同环境下的植被分布。这对于我们晚上的搜寻非常有帮助。不过由于头一天通宵，我们很快地回到了恍惚的状态。于是，我们还是选择回到酒店休息。

当我再次睁开眼睛的时候，天色已经暗了下来。又是新一轮夜间观察的开始。一下午的睡眠时间并不长，但是足以让我重新充满能量。我从小木屋中摇晃着的木床上下来时差点摔了一跤，不过片刻的休息已经缓解了之前两天的疲劳。这天晚上，我们同样不打算睡觉，因为第二天我们将要离开明多，返回基多。来自北京的另外几名队员将会在第二天下午抵达厄瓜多尔，所以我们还需要返回基多去迎接他们。

已经见识到我们的疯狂的 Merlin 表示，前一天几小时的徒步已经让长时间不锻炼的他感到疲倦，他需要好好休息了。

"Jason，你们绝对是我见过的对昆虫最痴迷的人。祝你们好运！"吃完晚饭后，Merlin 点着昏黄的灯回到了他休息的木屋。在回去之前，他和我们击了一下掌。

我和 Bill 开着车来到了山谷中。这里是白天我们下山游玩的蝴蝶谷。蝴蝶谷的海拔相对于我们居住的小木屋要低不少，海拔大约为一千米，整个山谷的湿气全部聚集在这里。天黑之后，甚至不需要仔细地查看路边的植物，我都能感觉到叶片上已经是湿漉漉的一片。

沿着蝴蝶谷前的山路一路往山谷深处行驶，我们终于开到了尽头。再往前就是一片茂密的原生林。狭窄的山路左边有一片空地，于是我们便决定把车停在这里，下车徒步而行。空地的附近有一条木栈道，应该是给山谷里的游客行走的。只不过现在已经是夜晚，整片丛林除了喧闹的虫鸣声，听不到任何来自文明世界的声音。我关上头灯抬头望去，在参天大树的树冠层处，透着几点星光。茂密的树叶让我觉得就算此时下雨，也不会影响到我们站在林下的人，因为雨水肯定都被叶子挡在了上方。木栈道看上去有些老旧，木头的两侧长满了苔藓和菌类，一片片迷你叶子形成了一条长长的树叶大军，在木栈道上摇摇晃晃地前行。当然，这不是真的叶子在行走，而是成千上万只切叶蚁工蚁组成的食物运输大军。切叶蚁并不会直接进食这些叶片。在切叶蚁的社会中，中体型的工蚁负责用它们那强有力的大颚切割树叶，然后把切下来的小树叶运输回巢穴。叶片抵达切叶蚁巨大的巢穴，会被运输到巢穴中的"苗圃"。在"苗圃"中，叶片被小型的工蚁咬成更加细小的糊状碎片。

好在，木栈道虽然看着比较老旧，但是踩上去还算坚硬，除有些地方因为常年的湿气导致腐朽破裂之外，我们在上面行走没有任何障碍。木栈道建设在一片类似沼泽的草地上，蛙鸣不绝于耳，甚至由于蛙类的数量众多，近远处同样频率的蛙鸣声让我的耳朵产生一定的幻觉，我感觉整个脑袋嗡嗡作响。

"快看！箭毒蛙！"

"真的吗？"Bill听到我的声音快速地向我跑过来。他真的很渴望在野外寻找到箭毒蛙。

这是一种小型黑色箭毒蛙，我们在原地陆续又发现了许多。Bill非常兴奋，他拿着相机不停地拍摄这些黑色的小蛙，浑然不顾他的裤腿被湿泥土溅湿了一大片。我想起我的相机还在车上。

"我先回车上拿一下相机，你就在这里等我吧！"

"好的！"

我往回走，路过一个拐角口，发现在我们来的方向，层层灌木遮掩着另外一条林间小道。拨开挡在路两边的蔓绿绒，这条小道看上去并没有尽头。这激起了我的好奇心。"走五分钟看看吧。"我对自己说。

这条道路似乎已经有很多年没有人踏足了，裸露的树根如同蜿蜒的蛇一样盘在地上，各类花烛和蔓绿绒从树干中生长出来。朝树顶望去，巨大的积水凤梨就如同一把雨伞一般生长在树干分叉处，这些积水凤梨的直径达到了两米，偶尔还会听到"砰"的一声，那必然是大型的积水凤梨由于树干无法承受压力落了下来。积水凤梨的内部可算是一个小小的世界了，各种树蛙、树蛙的蝌蚪，甚至捕

大名鼎鼎的玻璃蛙（*Centrolenella valerioi Dunn*）。

鸟蛛，都会躲在积水凤梨中间的碗状结构里。因为内部的储水功能，积水凤梨可以算是蛙类的天堂了。比如大名鼎鼎的玻璃蛙就被发现落在这块积水凤梨的叶片上。玻璃蛙的名字来源于它半透明的外皮。透过它的皮肤，我可以清楚地看见跳动的心脏以及亮白色的内脏。

这条道明显比我想象的要长很多。我已经走了不知道几个五分钟，但是丝毫不想回头。因为向前看去，这原生林下的小道充满着诱惑。我无法抵抗想要继续走下去一探究竟的欲望。抱歉了，Bill，多等我一段时间吧。

几个小时过去了，我依旧看不到尽头。手机在我上山的时候就已经没有了信号，山间的湿度越来越大，树干上满满地匍匐着苔藓。这些苔藓在平日里并不会引起我的注意，不过当我走到海拔相对高的地方时，周围的植被开始减少，我便得以多出一些精力去查看一些树干上的苔藓。因为我清楚，有一些竹节虫和螳螂会专门拟态苔藓，住在这些树上的绿色丛林中。

果然，我几乎没有花太多的精力，就在一片苔藓中发现了一丝异样。没错，这就是一只苔藓螳螂。我从未想象过自己能够发现如此难以寻找的昆虫，甚至可以说在出发之前我压根没有准备找它们。

在雾气缭绕的丛林中，树上的苔藓也似乎活了过来。原来这是一只苔藓螳螂（*Pogonogaster sp.*）。

因为我知道这种螳螂实在太难以寻找了。就在我的兴奋劲还没散去时，它移动了一下。这下可好，我失去了对它的定位。于是，我不得不围着树干苦苦搜寻，才发现它并没有走多远，只是因为其拟态实在过于逼真，导致完全地融入环境之中。

当我走下山的时候，已经凌晨两点半。我想着 Bill 应该已经回车上睡觉了。这种强度的夜晚搜索可能对他来讲是一个严峻的挑战。不过，当我径直回到车上的时候，空无一人的车厢还是让我颇为震惊。难道他真的就在原地等我到现在？

我又沿着几乎腐烂的木栈道回到了 Bill 寻找箭毒蛙的地方。

"天哪，你居然还在这！"我不得不佩服他的毅力。

"对啊，这边的蛙实在太多了！"他得意地朝我炫耀着，"这个木栈道往里面走还有一大片沼泽。那边有很多的树蛙，我带你去看一下！"

Bill 带着我走到沼泽边上，我的脑子又开始嗡嗡作响：蛙鸣声的分贝更大了。

我们精疲力竭地回到停车场，在停车场的对面是一个度假村。这个度假村坐落在一条溪流边上，哗哗的水声伴随着蛙类鸣虫的歌唱。我想这个度假村也算是绝好的一个休闲去处了吧。

　　Bill 拿出他准备的各种零食，我们也顾不上双手沾满了泥土，拿着薯片、爆米花就开始狼吞虎咽起来。果然，饿透了的时候胃口是最好的。吃完零食之后，我们走进了度假村。这个度假村看起来非常大，几个小木屋散落在四处，每一个小木屋前都有很长的林间小道。虽然看上去有点半人工的状态，但是很明显年久失修，原生林的植物可不会放过这些可以入侵的地方，不断蔓延进来，各类昆虫反而比山上还要多。

　　时间已经差不多凌晨四点了，再次进入了一个让我们精疲力竭的时间段。

　　"这一片森林我感觉挺不错的，你要不要走走？" Bill 问道。

　　我朝着他指的方向望去。

　　很典型的原生林与次生林混合的环境。一部分地方的树木遭受过砍伐，林中空出来的地方长满了各种灌木，而上边又被参天大树覆盖着。我很犹豫。

　　"要不算了吧，我们走了一晚上也没有找到叶背螳。我有点想回去休息了。"

　　我还是心心念念我的叶背螳。

　　不过，我几乎就在五秒内推翻了自己刚才的想法。

　　"不管了，还是走走看，万一你说得对呢！"

　　我和 Bill 钻进了那片丛林，丛林里没有路。我们也没有开路的工具，只好扒着树枝缓慢前行。这片丛林的面积并不是很大，我打开卫星图查看，发现我们很快就走到了中心地带。这边的灌木非常茂密，我有一股强烈的预感。

　　当走到一处实在无法向前走的地方时，我准备往回绕道。Bill 并没有跟上来，而是在靠近丛林出口的地方等着我。正当我回头的时候，我发现正对着我的叶片上，居然站着一只叶背螳！菱颈叶背螳这个种类是我于 2016 年在哥斯达黎加遇到的第一种叶背螳。这种叶背螳拥有宽达 5 厘米的前胸背板。我的尖叫声引来了 Bill，他顺着我的手

菱颈叶背螳的雌性成虫。

指方向望去。

　　"哇，还真的是很难看到！离得那么近都差点找不到！"Bill 感叹道。

　　这是我第一次和朋友一起分享在野外看到叶背螳的乐趣。我们围着这漂亮的螳螂拍了好几张照片才恋恋不舍地离开。

　　高海拔的山地雨林在后半夜很冷。我们穿上外套之后依旧感觉寒意如同射线一样直刺我们的身体，让我们不停地打颤。

　　眼看着天马上就要泛白，我和 Bill 回到车上，开回了酒店。赤道附近，天亮得特别快。不一会儿，橙红色的光从安第斯山脉方向铺洒过来，伴随着还未散去的水雾，山变得格外美丽。Merlin 早就已经起来给我们准备早饭，并且兴奋地告诉我他前一天晚上看到了一只特别大的绿色螽斯。

　　"你知道吗，伙计？我一开始以为这就是你要找的螳螂，不过它真的太大了。"

　　我拿出我的相机，给他展示我们几个小时前的发现。

"你一定要看看我们发现了什么！"

Merlin 盯着相机屏幕兴奋地喊："Jason！我就知道你们会找到它的！我就知道！你知道吗，我一直相信！你到底怎么找到它的？伙计，太棒了。"

他似乎比我们还要兴奋。

"你无法相信，我们一夜没睡，后来都快放弃了，但是就在最后一刻我发现了它！真的很漂亮，对吧？"

"老兄，我的上帝，我都要被你们感动了！真的，它就像一片叶子一样！"

这绝对是圆满的一天。太阳顺着明多山谷的山脊照进了小木屋的悬崖餐厅。

Merlin 提出要把我放在他们公司的名人墙（Hall of Fame）上，他非常喜欢我们在山里探索昆虫的经历。

晨雾已经开始散去，蜂鸟围绕着餐桌前的花蜜罐子振动着翅膀。山谷里，欢快的鸟鸣声仿佛要溢满每一寸土地。在明多的两日非常短暂，吃完早饭里的奶油蛋糕，喝过用 Merlin 采的水果制作的果汁后，我们陆续把行李放回车上。

"你们一定会回到这里的。"我们和 Merlin 拥抱、道别。

"是的，我可以向你保证，你会再见到我的，Merlin。"

云林可桑噶，
亿万年的原始

第一次以五人小队出发，
住在高原云林中，
感受千万年来隔绝的世界。

何洋老远就看到了我和 Bill，招呼着他的夫人以及另外一位朋友小乙向我们走来。

我们一行五个人，把我们的行李都塞进这两辆可怜的 SUV 确实是一件充满挑战的事情。幸好我提前告知了大家，所以我们最后还是努力把所有的行李都安排妥当了。

小乙比我想象中要高大不少，而何洋的夫人看着则比较娇小。我甚至有点担心她是否能在接下来的考察之旅中坚持下来。

"没事，我和我老婆虽然没有你那么疯狂，也算半个'老司机'了。"何洋仿佛看出了我的担心。

"哈哈，你们确定？那我们就出发吧。"

基多国际机场的马路既宽又平稳。亿万年的地质变化塑造出奇特景观。我们行驶在公路上，在出口的第一个转盘左转之后，前方落差几千米的山脉就像另一个次元的世界一样，带着浓重的压迫感静静地等候着我们。

行驶在山路中，万年不散的乌云笼罩在我们头顶。欣赏着壮丽的奇观，我想象着山谷里突然蹿出哥斯拉等巨大怪兽。

何洋夫妇和小乙感叹着这奇特的美景，而我居然有了一点我是这里的主人的感觉。

"你们看，这边海拔大概四千多米了。等我们翻过前面的垭口，就是安第斯东部山坡，海拔就要下降。我们可以看到很古老的山地云林了。"

山地云林，这是一个很奇特的名字。

"在云层里的热带雨林！"

安第斯山脉，是亚马孙盆地西侧的最高屏障。亚马孙丛林每日大量蒸腾的水汽被赤道的信风吹向西部，高大的安第斯山脉笼住了所有的水汽。所以，亚马孙丛林的山地雨林的降水量，要远远比其他地区多。

在时间的长河中，这片森林一直浸浴在湿度百分之百的空气之中。

或许腾云驾雾的感觉就是这样。

垭口下来，我们欣赏着植被的变化。荒芜的高山草甸逐渐变成高山丛林，再往前，我们一头扎入了云层里。

可桑噶（Cosanga）是这片山区的名字。即使是 SUV，行驶在石头路上也是颠簸不堪。何洋夫妇和小乙因为搭乘长途飞机的疲倦，已经晕晕沉沉，无心欣赏路边飞速闪过的原始森林美景。

天色渐渐暗下来，我还是精准地找到了写着"Cabanas San Isidro"的木牌。它摇摇晃晃地插在路边，似乎一阵风就能把它吹倒。顺着木牌上的箭头，我打着方向盘，车辆进入一片密林里。

客栈的主人已经在门口。我看着他的肚子，想着山地生活应当非常惬意。

"我想你们一定经历了非常辛苦的一段路程吧？"老板说完，带领着我们穿过小道，来到这座山悬崖边上的小木屋。

"这是你们的住处，晚饭在前面悬崖边的餐厅里，每个人 25 美金。如果你们想去夜探，酒店后面有一条路可以通向原始森林。祝你们好运。"他似乎费了好大的劲才把这些话给背了下来。

我们落脚的幽静的山庄。

　　晚饭非常丰盛。每个人都有一块硕大的鸡排，还有无限量供应的点心和饮料。

　　"你们吃完饭打算去山里走走吗？"

　　我坐在餐桌的主位上，仿佛自己是一个君王，在询问大臣们。

　　何洋和小乙似乎早就按捺不住内心的激动，提出一定不能放弃每一分钟。何洋的夫人负责守着我们在夜晚点起来的高压汞灯，而Bill，我看他的眼皮已经开始打架了。也难为他，我们头一夜通宵的副作用在这一天晚上完全显现了出来。即使是我，不断地暗示自己是一个铁人时，也依旧感觉到深深的疲倦。

"要不，我们吃好饭休息一个小时再出发吧。"

其实我也有点认怂，所以提出了这个建议。

吃好晚饭，我直接在餐桌边的沙发上躺了下来，不一会儿就睡着了。在睡梦中，我仿佛看到山地云林中的各类奇珍异兽向我扑来。我深深地陷入灌木丛中，无法动弹。

何洋摇醒了我，我已经忘记其实是我提醒他来叫醒我的。

"走吧！"

虽然我还是很困，但是我实在不想错过这与世隔绝的盛宴。

可桑噶山区超过了海拔两千五百米，是典型的高海拔山地热带云林，也是亚马孙安第斯高原被保存得最完好的山地云林之一。

晚上的低温自然也在我们的预料之中。由于湿度很大，地上并不是很好行走，在明多地区还是坚硬的岩石地表，在几百公里之外的山脉另一侧，就是土质的地表了。我们的每一脚都会随时可能踩入泥潭中，所以在行走的时候需要格外小心。

何洋和小乙第一次来到亚马孙丛林，不断地感叹这边的环境相较于东南亚和非洲实在是好了太多。

"天哪，你看那边。有两只眼睛看着我们！"我突然发现在远处的灌木中，有一只哺乳动物正盯着我们看。

何洋和小乙非常兴奋。

"嘿，还真是，你看还不小呢！"

我拿着手电筒慢慢靠近。夜色中，浓雾阻挡着我的视线，但我还是感觉到，那似乎是一只猫科动物。

"感觉是一只美洲豹，还是个幼崽。"我对另外两位说道。

"它的母亲会不会就在附近？"小乙有点紧张。

"也许吧，要不我靠近看看？"我也不知道为何我说出了这样的话。

"那你可得小心点，不行咱就跑。"何洋也很担忧。

我把手电筒抬了起来。光线穿过层层灌木，照出了它身上斑斑点点的花纹。

"这肯定是一只美洲豹。"我很确定。

尽管美洲豹大多分布在海拔较低的平原雨林中，但是山地丛林也会有它们的踪迹。这一只美洲豹是幼崽，也就意味着它的母亲肯定就在不远处。在人类常年的捕杀下，美洲豹在野外已经非常稀少了，剩下的美洲豹也都很惧怕人类。它们选择远离人类活动的环境躲了起来。但是作为世界上咬合力第三大的猫科动物，如果雌性美洲豹以为我们要攻击它的幼崽，必然会对我们采取自卫措施。

我们放下了手电筒，静静地离开了那片丛林。

何洋和小乙还是很兴奋，一路讨论着美洲豹的种种可能。我的思绪早已飞回一年前。那时我独自一人，距离一只成年的美洲豹只有短短几米。我可不想再经历一次。

这只尺蠖如果不仔细端详，根本看不出来。

这条路感觉永远也无法走到尽头。我们一看时间已到后半夜，就准备往回走。道路两旁的大树上，徒长的积水凤梨成了各类昆虫的乐园，蛙类、蜘蛛都选择在积水凤梨的中心做巢躲藏。

回到客栈，Bill 已经回屋睡去，何洋的夫人在灯诱布边上。我不得不佩服何洋夫妇，对昆虫的共同热爱毫无疑问是增进感情的桥梁。

寂静的客栈只有我们一队客人。我回到屋中，与我同屋的 Bill 鼾声震天。听到我的开门声，他迷迷糊糊地嘟囔着：

"怎么样，有什么新发现吗？"

"有一些漂亮的青蛙，你没有去还是挺可惜的。"

Bill 并没有回应我，他又睡了过去。

我回到餐厅，小乙还坐在阳台的沙发上，看着飞虫一只接着一只地飞来。我打断了他的思绪。

"怎么样，要不要再去山里走走？你还能扛得住吗？"

"行，我没问题！"小乙说完就干脆地起身去拿行李。

我和小乙走出客栈，选择了往更高海拔的山里走去。

"来一根烟不？"小乙把烟递给我。

湿漉漉的叶片上，漂亮的树蛙随处可见。

"行吧。"

我一般是不抽烟的，当然在这漆黑的山里，我也不介意抽上一根。

云层非常罕见地散去，甚至连风都没有。抬头望去，皎洁的月光顺着树冠层铺洒下来，丛林中显得格外宁静。

我没有穿雨靴，而是依旧穿着我的洞洞鞋走着。穿戴少也有一个好处，就是如果有昆虫飞到我身上，我可以马上感受到并且采取措施。

再次回到客栈，看了一下时间，已经凌晨四点。

夜幕下的丛林客栈充满着神秘，高压汞灯依旧在努力地工作着。我丝毫不敢靠近灯诱布，生怕一不注意就有一只狡猾的昆虫飞进我的耳朵。

原始，并不需要完全剔除我们人类的足迹。

因为，谁说我们不是原始的一部分呢？

瓦拉维达，
<u>丛林中的绿色脚印</u>

回到小木屋，
不一样的心情，不一样的期待。

重回亚马孙小屋

当我醒来时，Bill 已经在餐厅准备用餐了。

"你昨晚几点回来的，你都不需要睡觉吗？"

Bill 看到我只睡了四个小时，惊奇却又不是特别意外地问道。

何洋夫妇和小乙看来还在他们各自的木屋里酣睡。

"这边晚上真的太冷了，我感觉像是回到了冬天。"我坐下，拿起一杯橙汁一饮而尽，转身走向桌子的尽头，准备再倒一些。

"所以我根本都没想出门，你也太拼了。"

"没办法，这个海拔有一种叶背螳我一直都没有见过。"

"那么看来你昨晚是失望而归了？"Bill 拿起一片面包啃了一口。

何洋夫妇和小乙比我想的要精力充沛一点。原本，我以为他们至少要睡到中午，但是他们很快就陆续出现在餐厅里。

前一天我们抵达的时候已经是晚上，我没有机会去欣赏悬崖上的美景。何洋的夫人被一群蜂鸟吸引，他们顾不上吃饭，先跑去拍美美的照片了。我坐在阳台的沙发上，看着远处的丛林。昨晚的徒步之旅仿佛根本没有发生过一样。因为疲劳，记忆力受损也是在所难免。不过好在，相机记录了头一夜的所见所闻。

早餐除了普通的西式奶酪、面包，当地人特制的沙拉还是让挑剔的我们称赞不已。

大家都起得比较早，我们决定早些出发。从可桑噶山区出发前往我去年居住过的亚马孙小屋大概需要四个小时的车程。

"我们出发后，在普约吃一个中饭，然后前往小木屋，我估计下午三点之前可以抵达。"

我又像一个将军一样宣读着我的计划安排。

去年经过特纳的时候，我对这个城市的印象不太好。因为谷歌导航不但把我导到了特纳城里的一条死路，还没有办法帮我进行修正，导致我只好不去理会导航给我列出的行驶方案，缩小地图仔细地查看卫星图上的路线方向，最后才好不容易开出了特纳。

特纳是安第斯山脉脚下的一座大城市，经济活动明显较为频繁。城市虽然看上去非常古老破旧，但是市场、超市、街边的小吃店应有尽有。

特纳位于纳波河流域的北部，是一块冲积平原，海拔骤降到五百多米，气候温暖潮湿。纳波河水带着安第斯山上良加纳斯特（Llanganates）保护区源头下来的冰川融水，奔腾着向亚马孙深处流去。在秘鲁境内，它会和其他支流一起，汇聚成亚马孙河，流向大西洋。

过了特纳，海拔又开始逐渐升高。E45公路是由北向南、与安第斯山脉平行的一条公路。而错综复杂的安第斯地形在普约城区附近形成了一大片海拔一千多米的高地平原。

普约相对特纳来讲，只能算三线城市，要小上不少，街上的建筑有着浓厚的西班牙风格。我们找到路边的一家餐馆，准备解决中饭问题。

老板娘并不会英文。我们拿着谷歌翻译和肢体语言笔画半天，好歹是点完了餐。

半只烤鸡、一盘薯片和一杯饮料，只需要三美金就可以吃得很饱。南美的生活节奏要比亚洲地区慢上很多，有自己的农场，丝毫不用担心肉的质量问题。

我拿出手机和Chris联系。因为过了普约，我们就会完全失去信号，Chris的小木屋里也不例外。好在他拉了一根几千米的网线，所以至少他可以通过邮箱和一个叫WhatsApp的社交软件与我联系。

离开了普约，我兴奋地向小乙和何洋夫妇介绍我与Chris之间的趣事。这一片海拔一千多米的高地平原，由于曾经被砍伐，两边的山地都是光秃秃的。队员们都非常担心我给大家选的地点环境不好。

路过最后一个三岔路口，我们向左急转向低海拔处行驶。这时大家才发现，我们就像是在一个缺口处，突然穿过了原始丛林的大门。马路变得奇窄无比，道路两边茂密的植被，好似充满攻击性一样几乎蔓延到路中来。这条路贴着悬崖一路向下，向左边望去，垂直的悬崖上覆盖了满满的蔓绿绒和参天大树；而右边，透过树林，可以看到一望无际的亚马孙平原。

"刚才那片高原，是通向亚马孙平原的最后一个阶梯。"我仿佛导游附体一般又开始介绍我们身处的这片地方。

"这看着就和以前纪录片里见到的亚马孙丛林一样。"何洋感叹道。

沿着山路一路向下，我开车的速度也逐渐变快，或许是急于和老朋友 Chris 再度重逢，又或者是想念这一年中不断在梦里出现的小木屋。

当车辆驶出丛林，来到目的地村庄卡内洛斯时，我的心几乎跳到了嗓子眼。这里和一年前毫无二致嘛！

Chris 老远就看到了我。

一年不见，他似乎更加年轻了。我想起一路上何洋夫妇感叹亚马孙区域的空气是如此之好。也许要保持年轻，除了足够年轻的心态，物理环境也一样很重要。

"Jason！你终于又回来了！"

Chris 兴奋地与我击掌拥抱，我们像多年未见的老朋友一般寒暄着。

不过这并不意味着我马上就可以放松了。

"那座桥还没修对吧？"

其实我已经知道了答案。

和去年一样，我们把车开到博沃纳萨（Bobonaza）河岸。我们需要扛着我们的行李，走过河上的吊桥，然后在泥泞的山路中徒步半个小时才能抵达小木屋瓦拉维达（Huella verde）。

当我告诉队员们我们需要如此做的时候，他们的脸上立刻出现了崩溃的表情，当然这完全在我的意料之中。

有趣的是，随后，他们完全忘记了扛行李的痛苦，反而不断地

河上的吊桥是前往小木屋的必经之路。

于我而言，小木屋更像是丛林中的图腾。

被山路边灌木上的昆虫吸引。当然，这也在我的意料之中。就这样，我们一行人扛着行李，花了将近一个小时才走到小木屋。

"我猜你们一定想喝水，对吧？"Chris 走进了厨房。

"和去年我刚到的时候一样。"我说。

Canela，一条金毛犬，是 Chris 的宠物。她似乎依旧记得我，兴奋地摇着尾巴冲上来。我喝完果汁坐在小木屋的前方，思绪万千。

"去年你说你会回来的时候，我还以为你只是说说而已，Jason。"Chris 坐在我对面的板凳上。

"你瞧，我说到就会做到，就像我跟你说的，我会找到叶背螳一样。"

"哈哈，是的，所以你又回来了。"

"是的，我回来了，仿佛我是出去旅游，而这里是我的家一样。"

"今年的旱季比往年要长很多。"

Chris 吐出一口烟，挑了挑眉毛继续说。

"不过这也不是什么新闻了，这里的气候总会慢慢变化的。巴西砍掉了太多的树，我们这里也会受到影响。"

已经是 10 月了。去年 9 月底，是雨季的开始，而今年的 10 月，还是那么干燥。

白天在林下行走是为了探寻环境，这样在黑夜中就不会因为对环境的不了解而走到不该走的地方。

"虽然还是会下雨，你也知道，亚马孙本来就是每天下雨的，但是现在还没到雨季。我想，可能就是这一两天了吧，因为干旱得实在是太久了。" Chris 也没有办法。

我并不希望雨季很快就到来，因为一旦每天下起雨，我们就几乎没有办法出门。亚马孙的狂雨季，并不是每个人都想感受的。

"Jason！"我听到一个熟悉的声音在叫我。一转身，原来是 Chris 的工人 Loius。

我们拥抱了一下，Loius 不会说英文，但是他是一个非常友善的家伙，脸上永远都带着笑容。

"Chris，让 Loius 和我去山里走走吧！"我突然想去山里走一趟。其余的队员都回各自的木屋休息了，我却像一个刚回家的游子，迫不及待地要去参观自家的书房、卧室和后花园。

进入丛林，Loius 就变成一个身手敏捷的人。我暗暗地自叹不如。去年走过的很多地方，由于无人涉足，早就被植物覆盖。行走在去年走过的每一处景观，我的心情特别复杂。

我曾经看过一个问题：无限的金钱和无限的生命，你会选择哪一个？

　　很多人都会选择无限的金钱，这是我小时候永远无法理解的。但是当我看到他们做出的选择时，我发现，之所以很多人觉得无限的金钱会让他们生活得更加精彩，是因为人们对自己的生活并不满意且缺少去改变它的勇气和信心。无论让我选择多少次，我都会坚定地选择永恒的生命。一辈子，对于世界来说太短。就像我站在丛林中，这里有无数个可以让我兴奋得尖叫的瞬间，全世界又有多少地方等着我去探索。

　　抱着这样奇怪的想法，我也格外珍惜我在大自然中的每一分每一秒。任何你所见到的刹那，都会在回忆中成为永恒。

　　我们并没有在山里徒步很久。因为夜色将至，补充能量为夜晚的探险做好准备才是重中之重。

日落时分，阳光洒进丛林，我让 Loius 帮我按下了快门。

队员们休息完毕，都在餐厅坐着。我一直和 Chris 说，如果他不开客栈去开餐馆，我肯定会经常去光顾。

不一会工夫，牛排晚餐就准备好了，我甚至怀疑他有作弊功能。

吃完晚饭，每个人都分配好了雨靴，夜晚的探险即将开始。

"你们来这里看看，有一只捕鸟蛛！"

穿好雨靴的我刚踏出木屋的门，就看到一只硕大的捕鸟蛛站在门口用竹竿搭成的扶手上。

这是一只粉趾树栖捕鸟蛛。或许它刚从树上掉落下来，或许它本来就在竹竿边上的洞穴里栖息着。

夜晚刚开始就遇到一个大家伙，大家都非常兴奋，纷纷拿出手机准备让智能设备先试个毒。我拿起捕鸟蛛放在手上，享受着成为聚光灯下明星的感觉。当然，这也让我付出了惨痛的代价。

随之而来的，是我的第一个喷嚏。

我自小有鼻炎，所以偶尔打一个喷嚏倒也并不奇怪，但让我没想到的是，我的鼻炎开始发作起来。在接下来的一个小时里，我一直反复打着喷嚏，面部痉挛。

站在扶手上的粉趾捕鸟蛛（*Avicularia sp.*）。

原来，那只捕鸟蛛的脾气并没有那么好。在我上手的那一瞬间，它腹部的绒毛被它踢了下来，飘到了我脸上，引起我强烈的过敏反应。

"你是不是生病了？"小乙问我。

"我看你这喷嚏，哎哟，打了得快半小时了吧？"

我摆了摆手："不是感冒，就刚才那捕鸟蛛，踢毛了。"

"嚯，那可真严重了。"何洋说。

在丛林里，需要谨慎的地方实在是太多了。捕鸟蛛的踢毛只能算是一个小小的插曲。

"Jason，这是子弹蚁吧？"何洋问我。

我凑过去看，没错，硕大无比的身躯，单兵游走的行为。这棵大树上似乎有着一个子弹蚁的巢穴。

"你们可小心点，被这东西咬一口可是要半条命的。"

虽然我说得夸张了一点，但是2014年被子弹蚁咬了两口的情景还历历在目。剧烈的疼痛容易引起一些并发症，比如发烧、过敏等。

不过何洋并不是很买账。他拿出矿泉水瓶，装了两只巨大的子弹蚁进去。

"你该不会想挑战一下吧？"我问。

"有这想法，想试试。"

在南美的一些原始部落，被子弹蚁咬是当地的一种成人礼。能够抵挡子弹蚁的攻击，说明这个男孩已经成长为男人了。

不过并不是所有人都能挺过去，因为在成人礼仪式中，子弹蚁的数量可是至少按照几十只来计算的。

我在旧金山有一个朋友，我叫他"火烧"。他跟我说，几年前他去巴西区域的亚马孙流域旅游，挑战了一下当地的成人礼。他只记得在那一瞬间他就痛得晕厥了过去，等他醒来，已经是第二天了。

Chris也很害怕这种蚂蚁。他说他曾经被咬了一口，马上就发烧了。

"你要不先放着，后面几天再试。这样万一有反应，你还不至于丧失采集能力。"我对何洋说。

我看何洋那一身强壮的肌肉，又说："不过估计你没啥问题吧，你那么猛男，哈哈。"

"毕竟来了亚马孙，这也算是一个经历，不过你们可得看着我一点啊。"何洋说。

我看向他的太太，她似乎也不反对她的丈夫去做这样一个尝试。

敢于挑战任何痛苦的人，又怎么会觉得生活是无趣的呢？

在这一点上，我非常佩服何洋夫妇。他们夫妻走南闯北，婆罗洲、马达加斯加……全世界探险旅游。没有对自然的热爱，他们是无法支撑的。

"嘿，你看这螽斯，够大哎！"

小乙的眼睛算是比较尖的了，他发现了一只龙虾螽斯。不过，由于龙虾螽斯的成体体型实在太大，即使他发现的是一只若虫，也毫不妨碍他觉得这真是一只巨无霸。

不过，没走几步，他就发现，之前那只被称为巨无霸的螽斯与后面这只一比真是小巫见大巫了。龙虾棘螽的中文名来自于英文词Spiny lobster katydid，非常形象地说它是一只带刺的大龙虾。龙虾棘螽的个体能达到12厘米长，这还不算它的后腿和触角，拿在手上非常有分量。

龙虾棘螽有非常特别的一点。在鸣虫里，包括蟋蟀和螽斯，大多数的发声鸣虫都是雄性。它们靠翅膀上的发声片的摩擦来制造声

硕大的龙虾棘螽。

音，这些声音可以吸引雌性，也可以向别的雄性传达自己的信息。

龙虾棘蟊无论是雄性还是雌性，背部的翅膀上都有发声器，并且，雌性也会通过翅膀上的发声器的摩擦振动来发出声音。

龙虾棘蟊是典型的夜行性动物。它们白天会找树洞，或者地洞之类见不到阳光的地方躲起来，等到傍晚之后再出来。它们的行动十分缓慢，我开始并不相信它们是捕食性的昆虫，但它们巨大的身躯确实非常适合打斗。后来我发现，龙虾棘蟊在小时候身手更加敏捷，会捕捉小昆虫为食，大了之后由于行动缓慢，才选择进食一些植物果实。它们一旦遇到行动更加缓慢的昆虫，并不会拒绝送上门的佳肴。强壮的前足可以帮它们轻松地固定猎物。

在山脚通向小木屋的路上，有一片可可果树林。紫色的、巨大的可可果已经熟透了，仿佛随时都会掉下来。可可园里的灌木植被郁郁葱葱，我不禁想起可可豆的故事。公元前，印加人并不知道可可豆的用处，主要吃可可果的果肉，并没有人去尝试可可豆，因为实在太干涩了。后来有人发现，那些偶尔被火烧过的可可豆居然散发出诱人的香味，于是当地人把可可豆烘焙之后做成饮料。后来西班牙人来到南美，给可可豆加入了糖和水，闻名世界的巧克力就诞生了。

我看着熟透了的可可果，仿佛自己穿越到了古代，对印加人说：你们这些可可树的种子，将来会成为世界上最受欢迎的美食。他们一定会看着我这个奇怪的和他们长得类似的亚洲人，把我赶出去吧。

可可果的香味引来不少飞虫，它们居住在由一棵棵树组成的灌木林中。同时，这样的环境也吸引了不少大型的动物和一些蛇。

彩虹蚺便是其中之一。这种来自中美南美洲的巨蚺属蛇类，平时主要生活在树上，以小型鸟类和蝙蝠为食。彩虹蚺并不是全身彩虹，它的体色以黑色和红色为主。但是在光线的照射下，彩虹蚺奇特的体表会反射出彩色的光泽，"彩虹蚺"名字因此而来。

Bill 非常喜欢彩虹蚺，这只彩虹蚺比较温顺。当我们把它举起来拿在手上时，它并没有攻击我们，而是乖巧地盘在了我们的手上。上手一条蛇其实是需要技巧的。如果我们用拿和捏的方式去上手一

彩虹蚺（*Epicrates cenchria*）的性格就如同它身上艳丽的颜色一样多变。

条蛇，会引起它的紧张。很多时候，蛇就是因为过于紧张而攻击人类的。所以，我们只需要让蛇以为我们只是树干或树枝，它便会顺着我们的手臂爬行。如此一来，蛇就会变得异常温顺。当然了，不同的蛇有着不同的习性。我们与蛇相处，主要还是从了解它们的习性入手。

蛇类是典型的冷血动物，或者严格来讲，是变温动物。它们的身体并没有办法和哺乳动物一样保持恒定的温度，而是随着环境温度的变化而变化。而外界温度的高低则会影响到变温动物的新陈代谢。

夜色中，我们无法感受天空的阴晴。前一秒似乎还能看到银色的月光透过茂密的树丛一点一点地洒落在丛林地表的大型花烛叶上，一会儿工夫，随着风声的变大，树叶上掉落水滴的声音逐渐密集，在几十秒之内变为瓢泼大雨。在丛林中的我们可以说是毫无准备。不过好在，我们正在返回小木屋的路上。雨点落下，白天还能轻松行走的土路变成一道充满泥浆的淤潭。我们的每一脚都变得无比厚重。

"加油，我已经看到小木屋了！"我给队友们打着气。

"天哪，这亚马孙的雨还真是说下就下！"

Chris 已经预料到我们会提早返回。去年这片丛林只有我一人来访时，我每天都会徒步到接近凌晨。

"Jason，你一来，雨季就到了！"

"真的，我希望我们不会那么倒霉，你是不是在开玩笑？"

"嗯，这可不一定，我感觉这个雨会下很久，至少五六个小时吧！"我用询问的眼光看向队友们。

"没事，要不咱先回去休息吧，昨晚那一趟也够累的了。"小乙说。

何洋夫妇也表示体力有点跟不上，想先回屋休息一会儿。

"怎么样，Bill？你昨晚睡够了吧！"我看向 Bill。

"我没问题。等雨停了，我们再去山里吧！"Bill 说。Bill 的体力和耐力其实非常好。我们在明多时，我离开了五个小时，他居然能够在一片区域一直搜寻直到我回来，让我颇为震惊。

这只螽斯并不是拿错了调色盘，如此艳丽的色彩会让猎食者误认为它含有剧毒。

我躺在吊床上，雨点噼里啪啦地打在屋顶的铝片上，这近乎完美的白噪音有着强烈的催眠作用。

我想起周杰伦在《兰亭序》里的一句"雨打蕉叶，又潇潇了几夜"。雨点落在植物的叶面上，然后顺着叶片流到了地上。那些没有那么容易接收到雨水的林下植物，此时在大口大口地畅饮吧！

昆虫远比我们想象的要聪明得多。大型植物下，总能找到一些雨水打不到的区域。蠡斯、捕鸟蛛、猎蝽等丛林常客就躲在这些区域。

Canela 在楼下吼叫了起来。上次她这样吼叫的时候，我记得是一条矛头蝮爬到了小木屋的下方。小木屋的地势相对较高，有些小动物会在暴雨时分来到小木屋下面躲避暴雨。

我跑下楼，Canela 冲我摇着尾巴，兴奋地给我看她捕获的战利品。原来这是一条拟态蝮蛇的美洲钝头蛇。它没有正式中文名，那么姑且让我称它为南美版本的林蛇吧。那三角形的头仿佛在告诉我，它是一条名副其实的蝮蛇。这让我差点上当了，直到我拍摄了图片，仔细观察之后，才发现这原来是一条没有毒性的蛇。Canela 很激动地围着它转圈，时不时地想冲上去咬一口。我呵斥走了 Canela，仔

美洲钝头蛇属（*Dipsas sp.*）的无毒蛇。

凤冠蟾蜍（*Bufo margaritifer*）。

细地观察它。

人类怕蛇主要是因为害怕被咬。无论是蜘蛛、蝎子，还是血盆大口的狮子，都会让人产生害怕被咬的心理，甚至很多人因为被狗咬过而害怕狗。对人类而言，无论蛇是否有毒，都会引起我们的恐惧。因为辨别毒蛇和非毒蛇对大部分人来讲不是一件容易的事。所以人类对未知的蛇类总是报以宁信其有毒也不愿冒险的态度。这南美版本的林蛇，金色的花纹配着暗褐色的底色，居然显得有点尊贵。它的眼神非常酷，在夜灯的照射下，看上去格外有神。或许是被Canela吓到了，它一直蜷缩着身子，处于非常警觉的状态。我捡起一根树枝，挑着它，让它慢慢地游到木屋边上的灌木中。它开始放松警惕，缓缓地游，甚至可以说是蠕动着，爬进了灌木丛中。

暴雨还在下着，小木屋的灯是丛林中唯一的光源。我的余光看到，在小木屋正大门的水泥板上，有一个大家伙正襟危坐。

这是一只凤冠蟾蜍。它背上的凸起配合着体色，完美地拟态了枯叶。另一边，一只"飞蛾"引起了我的注意。

它张开漂亮的翅膀，一蹦一跳地从湿漉漉的草地上走向小木屋

孔雀螽斯（*Pterochroza ocellata*），它的内翅就如孔雀的花纹一般精彩。

的水泥墩。在两片前翅的末端，分别绣着孔雀花纹的图案。

　　等它走近，我定睛一看，原来，这不是一只飞蛾，而是一只彩翅螽。当然它还有一个大名鼎鼎的名字——孔雀螽斯。站在水泥墩上，它可能感到了安全，张开的翅膀渐渐合拢，恢复了原本"蚂蚱"似的形状。

　　我好奇地用手去碰了碰它。果然，这家伙马上恢复了戒备。翅膀再次撑起，宛如孔雀开屏一般。

对所有动物来讲，它们最惧怕的不是猎食者本身，而是"眼睛"。

因为一旦你看到一双眼睛，很可能意味着你已经被盯上了。在暗藏杀机的丛林中，一旦被盯上，很可能意味着你将成为这双眼睛的猎物。

孔雀螽斯自然是相当弱小的，它主要以植物为食，毫无攻击性。但是进化出完美拟态"眼睛"图案的它，可以通过张开前翅让捕食者以为它是另一种更大的动物而被吓退。当它收起翅膀时，外翅的花纹又可以帮助其完美地拟态成枯叶隐藏于植被之中。

要不是今天的雨让这家伙慌乱地闯进小木屋，我还真不能保证自己可以在野外的丛林中轻易发现它。

暴雨带来的水汽让整片丛林都变得湿润起来。所有的叶子好似张开了气孔，努力地吸收来之不易的水汽。水带来的基本物质循环支撑着一个错综复杂的生态网。

白噪音更响了。它让我自动屏蔽了多余的声音。在暴雨飘洒的亚马孙丛林深夜，我感受到了无比的宁静。睡吧，睡吧，把所有烦恼与杂念，都抛在脑后吧。

通　宵

"我觉得这雨是停不了了。"小乙喝完咖啡说。

"你们昨晚后来还是出去了吗？"何洋问我和Bill。

我的精神有点恍惚，毕竟通宵这样的事情，偶尔做一次没事，经常做对大脑确实有点损伤。

时间拨回六个小时之前。

已经三点半了，我翻着手机上的气象云图。每小时更新一次的云图网站上，显示飘在厄瓜多尔普约上空的云层正在逐渐变少。吊床后面，Bill的呼噜声已经盖过了雨声。

我推醒了他。

"走吧，雨停了，准备准备去山里。"

他嘟哝了一句翻了个身，差点从沙发上摔下来。

又是我和 Bill，走在下完雨的石板路上，小心翼翼地向山下走去。暴雨过后，昆虫和两栖类的叫声并没有马上响起。噼里啪啦，水珠和落叶掉落下来的声音，仿佛大雨根本没有停止。

"在这条路上，我曾经遇到过四只叶背螳呢。"我得意地向 Bill 介绍。

"这么复杂的路你都记得？"Bill 翻过一根横在溪流中间的倒木。

"在丛林里，要记住的不是路线，而是一些特定的环境植被和方向。比如刚才我们翻过第一条溪，我只要一路顺势向下，在那条溪流的斜对面上岸，再沿着直线就能找到第二条溪流。从第二条溪流翻过去，顺着溪流往下游走，会有一个三岔路口。"我开始滔滔不绝。一直以来，我都很佩服自己在丛林中的方向感。无论迷路多少次，我总是能根据自己所在的方位摸索出要去往的方向。

"你看，这里的植被最开始是一些类似天堂鸟的植物，然后再往前有几棵很大的棕榈，之后就是满是蔓绿绒的坡了，基本不会记错。别的植物会一直长，但是区域内的优势植物是不会变的，除非有人把这一片树都砍了，不过也总还有别的方法来辨别。"

上坡的路确实有点难走，尤其是大雨刚下完。

山林徒步，疲劳总能被亢奋的心情所掩盖。但是一旦疲劳堆积，就会在一瞬间爆发出来，把我们击倒。

大树的树干是很多植物的温床。只要湿度足够，攀缘型的附生植物就会抽出强韧的气生根，那么它们就能依附着粗糙的表面一路爬升。蔓绿绒、蕨类、花烛都会顺着树干以及树洞努力地向上攀缘，获取自己的空间和养分。树干上也因为这些植物成为很多昆虫以及其他的小动物的家。

这一根苔藓似乎和别的苔藓不太一样。我仔细地盯着它看了许久。久经沙场的我已经能很精确地辨认各种完美拟态的螳螂了。虽然它们身上的扩展和颜色几乎完美，但是所有螳螂都有捕捉足。捕捉足是螳螂赖以生存的根本。休息的时候，很多螳螂不会把捕捉足收起来，相反，它们还会伸直捕捉足，让全身处于绷直的状态。它虽然完美地拟态了植物，却难逃我的法眼。这是一只寡螳，栖息在

寡螳（*Carrikerella sp.*）中拟态苔藓的有很多。这
种螳螂生活在大树的附生植物上。

把自己伪装成地衣的模样的螽斯，紧贴着叶面。

树干的附生苔藓上。说实话，如果不是刚好看向它，要在充满植被的丛林里找到它，
简直难于登天。

下山时，已经是清晨。Chris 看到我们，并不是很惊讶。

"有好运吗？"

"好吧，你知道的，就一些普通的昆虫。没有我想要的叶背螳。"

"你也知道，有时候你找它，反而更难见到它。"Chris 摊摊手，把早餐面包放
到我的面前。

天空又开始下起了雨。

"我觉得这雨是停不了了。"小乙喝完咖啡说。

"你们昨晚后来出去了吗？"何洋问我和 Bill。

我看着镜子里浑身湿透的自己，赶紧把上衣脱掉。

"是啊，通宵的感觉真的很特别。"我到餐厅的硬板沙发上躺下。

"嘿，你们快看，这是什么？"小乙叫了起来。

我一直很期待小乙的发现，因为在场的除了我，能发现叶背螳的只有他了。

我顺着他的手指看去，窗台上站着一片枯叶。

这片枯叶翘着长长的尾巴，走起路来一摇一摆的，就像被风吹得摇曳起来。

"A 属枯叶！"我兴奋地叫了起来。

Acanthops 是这种枯叶螳的学名，它们只分布在南美大陆地区。因为分布面积较广、地理的阻隔，枯叶螳螂分出了很多种类。

这一种枯叶螳，比其他我见过的枯叶螳个头要大很多。

看来，它也是来躲雨的。

最后的尝试

"要不咱们吃好饭，我试一试那两个子弹蚁吧。"何洋提议道。

他还没有把嘴里的一口肉咽下。

"你最好准备好抗过敏的药。"

我还是比较担心他。四年前被子弹蚁咬的痛楚到今天还历历在目，我绝不想再次体验。看着何洋拿出两只子弹蚁，我的手心

拟态枯叶的南美枯叶螳。

已经开始冒汗。

子弹蚁爬了出来。硕大的脑袋，两颗大颚看着就让人后背发麻。他把子弹蚁捏在手里，我看到他的脸渐渐变得狰狞。

"咬了。"

何洋的声音比之前要低沉，但也出乎意料的冷静。

子弹蚁所带来的疼痛，一般不在表面，而是一种神经深处的痛。这就好比，有人拿着一个铁钳，放在火上烤红后，再来熨你的肉，还有一种不断搅和的痛楚。

这是一次很棒的经历，何洋并没有发烧。他还是比较耐疼的。能够体验当地人的成人礼，我觉得还是比较值得的。

六个小时后晚饭时，他还在喊：

"哎哟，这东西的后劲可真大！"

可能毒素也和酒精一样吧。不过，过量的酒精不就是毒素吗？

幸好是最后一天，就算何洋被子弹蚁咬后产生过敏反应，也不会影响夜探活动。

当晚，小乙与何洋夫妇在小木屋的楼顶架起了灯诱布，三人坐在沙发上。"今晚我们就不出去了，享受一下。"

喝着啤酒点着灯，虫儿飞来无须追，这确实非常享受。

Bill 看着垂头丧气的我，递给我一把砍刀：

"你就拿着这个刀去丛林里开开路吧，老是走同样的路没意思。"

Bill 是一个挺有想法的人，他的这句话点醒了我。

还有四个小时，当地人就要来帮我们搬行李了。丛林中的日子，总是过得那么快。

人都是这样。生活在简陋的环境时，向往纸醉金迷的城市生活。而当你拥有金钱，住进大公寓，开上豪车后，又要去山里种地开拖拉机。

这一次我并没有如愿找到叶背螳。

我不得不说，螳螂是我爱上自然的第一道门，而叶背螳让我对自然如此着迷。

前一日，我们一行五人从山上下来。我把他们送回客栈后，便再次返回山里搜寻螳螂。感谢商人，让很多螳螂爱好者有机会可以饲养不同种类的螳螂，当然也包括叶背螳。

促使我一次次踏入亚马孙丛林的，就是在野外发现叶背螳的那一刻。

搜寻叶背螳，与找其他螳螂大有不同。

记得年幼时，草丛里一踩，用手或脚，甚至木棍一拨，螳螂和其他直翅目昆虫便被惊扰得跳起来。

上学时，学会了静静地观察。我蹲在灌木边上，一看就是一下午。因为螳螂喜欢倒挂，常会在杂乱无序的植物里找到螳螂的身影。

后来，我学会了夜晚采集。夜里，灯光一照，螳螂的颜色和环境不同，很容易被发现，一次两次之后，就非常熟练了。

而叶背螳，并不喜欢倒挂，甚至说不倒挂。叶背螳喜欢站在叶子上，身子紧紧地贴着叶面，让自己尽可能平面化。

没错，平面化可以去掉自己的影子，可以做到真正地与环境融为一体，这不就是"大家来找茬"吗？一直以来，树皮螳螂和叶背螳都是我最喜欢寻找的两种螳螂，这就像是在大自然中玩一款平面游戏，胜利的果实自然是找到这螳螂了。

这款"大家来找茬"游戏，我玩得并不好。还有几个小时，我们就要离开亚马孙，返回基多了。

我拿过 Bill 给我的砍刀。

"行吧，试试看没走过的路。"

小木屋的后面是一片山坡。山坡上的植被很茂密。我在林下转过几次，并没有往森林去。我拿着砍刀把横在我面前的散落的杂草灌木给削开。

大多数植物都有顶端优势。顶芽的生长会抑制侧芽的发育。农业园林中，很多人会选择去除植物的顶芽，让侧芽长得更好，这样可以提高农作物的产量。

我此时仿佛就是一个园林工作者，一路不断地去除挡在我眼前的植物，但从来不会砍到主枝干，更不会去破坏它们的根部。这样一来，相当于切除了这些植物的顶芽，也许一年后，植物会变得更

斯氏叶背螳（*Choeradodis stalii*），是我每次来南美探险的动力之一。

加茂密。

一路砍到了山顶，我是砍不动了。前方，参天大树矗立，我们已经无法前行了。

"算了，要不回去吧。"我像泄了气的皮球，准备往回走。

但我有一种信念，这种感觉从我独自一人住在哥斯达黎加的山谷里时就伴随着我：如果放弃，你将来会后悔做出这样的决定。

于是，我再次把头转向山顶。前方，茂密的灌木嵌着各种树枝，连砍刀也失去了作用。

这时，我看见一只南美透翅巨螳（*Macromantis sp.*）的若虫，静静地倒挂在蕨类植物上。呵，终于看到一只螳螂了。

"有这种透翅螳螂，是不是就没有叶背螳了？"Bill 在边上问我。

"应该不会。"我自言自语道，"这种透翅巨螳一般生活在大树上。这一只很可能是从树上掉下来的。而叶背螳，大都生活在林下，不会上树，所以它们两个不是同一个生态位的昆虫，没有竞争关系。比如，你看下面这些蔓绿绒，就有可能有叶背……"

我不知道是不是老天听到了我的说话。就在我刚说完"叶背"

两个字的一瞬间，我看到我脚边的一片天南星科蔓绿绒叶子上，幽幽地站着一只叶背螳的雌性成体！

尖叫，是我现在唯一能做的事情。

"努力了，并不一定成功，但是不努力，一定不会成功。"

这是我三年前在哥斯达黎加搜寻叶背螳后，我的父亲告诉我的。不知何时，它已经成了我的座右铭。

对于叶背螳，我是贪婪的，但我又是平和的。拥有它们，并不是我唯一追求的事情。我一次次地搜寻叶背螳，只是为了能让我的心跳，在发现它们的一瞬间停止那么半秒。这其中的愉悦，世界上其他任何东西都不可能替代的。

而这，就是我、叶背螳和亚马孙的纽带。

加敦萨查，
野猪惊魂

在保护区的一夜，
我受到了西貒的攻击。

　　亚马孙的雨季并不固定。有一位朋友警告过我："在亚马孙，其实没有旱季，只有雨季和狂雨季的区别。"不过为了便于区分，我还是把它称为旱季和雨季吧。

　　在亚马孙丛林，旱季也是每天会下雨的，只是下雨的频率并没有雨季那么高罢了。由于亚马孙盆地非常广阔，不同区域的雨季、旱季的时间也是有区别的。我从Chris处了解到，厄瓜多尔亚马孙流域的雨季大约从每年的 10 月到来年的 4 月，之后是 5 个月的旱季。在前两次亚马孙探秘之旅中，我都经历了旱季的尾巴和雨季的开幕式，而 2019 年，我决定在雨季的闭幕式来临之际，再度造访这一片让我神往的土地。

　　行程的制订自从认识了 Bill 之后便不是难事。他已经移民到了厄瓜多尔的基多，采购日常用品的任务自然落到了他的身上。就在我们的旅程快要来临之际，一位新朋友加入了我们的团队。

　　我和王总在网上认识的时间不短了，但素未谋面，我想不到这一场亚马孙探险之旅会让我们的友谊变得如此牢固。

下了飞机，王总就看到了我。他顶着一头凌乱的长发，和我以前不修边幅的样子很像。

一路人，一路人。

租车的手续花了我们不少时间。前台小哥手忙脚乱地拉划着我们的信用卡。终于在天色刚刚入暮时，我们拿到了这辆将会陪伴十天的小车。

我们在漆黑的山路行驶。虽然无法看到外面，但我一边开着车，一边绘声绘色地和王总描述车外的景色，因为我很熟悉这片区域。

晚上，我们不打算睡觉了。

说来也奇怪，每一次来到亚马孙丛林，我似乎觉得睡觉就变成了一件非常浪费时间的事情。无外乎，一路赶来南美的代价实在颇为巨大，珍惜享受每一分每一秒在亚马孙的时间已经成为我的信条。尽管充足的休息可以让我们迎接面临的挑战，但肾上腺激素达到巅峰时，每天只三四个小时的睡眠就足够为我们"充电"了。

从机场抵达亚马孙小木屋的车程大约六个小时。我们决定一路开车一路夜探，只要看到路边森林的环境足够诱人，就下来一探究竟。

加墩萨查（Jatun Sacha）自然保护站，虽然并不在我的计划线路之内，但依靠卫星地图，我们还是找到了这里。保护站坐落在纳波河的南岸，被一片原始森林覆盖着。漆黑的夜色下，一切显得如此原始。

行走在丛林中，仿佛有种行走在故乡的感觉。情感上的归属让我在行走时总是不知不觉地笑起来，也许我更适合这种野外生活吧。

这一片丛林从地图上来看，南侧是另外一座山坡，几条溪流顺着山中的沟壑流淌下来。尽管处于雨季，但万幸的是并没有下雨。

在亚马孙丛林中，拟态叶子的昆虫非常多。自然的进化是如此奇妙，无论是新发芽的嫩叶，还是腐朽的枯叶，抑或是叶面上长满地衣、苔藓等其他生物的壮年、老年叶片，都能在昆虫中找到相对应的版本。各路昆虫各显神通，令我们的每一次发现都充满了惊叹。

丛林中徒步的时间总是过得很快。清晨即将来临，我已经兴奋得三十多小时没睡觉了。凌晨，人的体温会逐渐降到最低点。这个

粉趾捕鸟蛛躲在树上，而不是躲在树洞。它选择树上的一片苔藓作为自己的巢穴。如果不是它正好探出头来，还真的无法找到它的踪迹。

这只螽斯的翅膀显然经历过野外残酷的洗礼。

时间段，身体所有的机能都处于极度渴望休息的状态。现在的我们也不例外。

我大大地低估了王总的体力。每当我以为他支撑不住的时候，他总是默默地坚持着。当然，这也是每一个夜观自然爱好者的天性，疲倦在不断出现的新物种面前消失了。

当我们从山坡上下来时，天色已经微微地泛白。我们行走在一条被灌木覆盖着的林间小道上。道路的两侧，蔓绿绒和花烛们争先恐后地生长着。我透过迷雾，看到距离我大概三十米远的地方有两只小型的哺乳动物，而其中一只张开它的嘴打了一个哈欠。在模糊的夜色中，我清楚地看到它口中那瘆人的獠牙。

这是一只野猪！

哦不对，实际上这是一只西貒。当然，我们可以理解它为南美野猪。

"王总，快给我拍视频！"我向着王总低声喊道。

当王总准备拿我递给他的手机时，我扭头又看了看西貒的方向。

就这么几秒钟，我发现，刚才距离我三十多米远的西貒现在距离我只有十米，并且继续向我冲来。

"野猪可以杀死人的。"

这一句话在我脑海里闪过。

"快跑！"

我冲着王总大喊，一个箭步跨了出去。王总还不清楚发生了什么，不过也随着我向山下奔跑。看得出来，这条路几乎没有人行走，倒木和各类灌木交错着横在路中。但是我们管不了那么多，扒开丛林一路狂奔。

这是本能的逃生反应。

不知道跑了多久，我停了下来，后面并没有传来想象中野猪冲刺的声音。也许是因为我们反应及时，也许是因为我们路上转了好几次弯，好在，一切归于平静。周围的虫鸣声比刚才更响了，虫儿们仿佛见证了一场旷世赛跑而欢呼着。

"刚才真是有惊无险啊。"我喘着气说。

"到底发生了什么？"王总显然没有见到冲过来的"野猪"。

"你没看到吗？刚刚有一只野猪向我们冲过来！"

我依旧心有余悸地回头打量着。微风轻轻地吹过丛林，树叶之间的碰撞声伴随着露水滑落的声响，似乎从来没有发生过可怕的事情。

这是只西猯，不是野猪，和猪一样都是偶蹄目动物。体型虽说没有野猪那么大，但由于獠牙很长且向下生长，也算是攻击性非常强的动物。它们相当强壮，一个成年人在面对发狂的野猪时是没有任何胜算的。

一番惊魂过后，精疲力竭的我和王总几乎是连滚带爬地回到车上。天色逐渐变亮，清脆的鸟鸣声从密林深处传来。我发动车辆，行驶在清晨的亚马孙丛林中。看着薄雾顺着树冠层缓缓飘动，万物一片祥和。

"第一天晚上就这样结束吗？"

"行吧，我们前往小木屋吧。"

蔓绿绒的海洋，
我的乌托邦

山谷的另一侧，巨大的蔓绿绒，
不单单是叶背螳的栖息地，
也是我梦想的栖息地。

从普约高原到亚马孙小屋的道路有两条。第一条是我两年前走过的道路，这条路比较新。由于是通向卡内洛斯村庄的主要干道，尽管这个村庄很小，道路依旧由厄瓜多尔的政府整修过，一路开下去除了几处不知什么原因形成的小坑之外，还算平坦。

抵达卡内洛斯之后，前往小木屋就需要扛着所有的行李走过一座长达一百多米的吊桥，然后是将近一千米的泥泞山路。其间要穿越一片丛林，起起伏伏的道路尤其考验我们的意志力。

于是，我决定从地图上的另一条山路，直接驱车到小木屋所在的山脚。如此一来，扛着行李步行的道路就只剩下四百米，减去了大半的负重路程。在看到通向卡内洛斯的路口后，我继续在高原主干道上行驶。大约七公里后，找到了另外一条通向亚马孙的路。与平整的柏油路不同，从路口望去，这一条道路布满了石子，乍看之下似乎并不是汽车行驶的道路。但是通过卫星地图还能看到几栋房子。我一转方向盘，开了过去。前十分钟的路程，除了道路窄了点，并无特别之处。这条路人迹罕至，两侧的灌木生长得尤为茂密。在原生林中行驶，我仿佛是丛林中的精灵，开着自制的小车，在属于自己的王国中穿梭。

我在 2018 年的时候开始学习雨林造景，一来是想把我在热带雨林中看到的一切带回城市；二来也是想给我饲养的螳螂打造一个适合它们生存的环境。

在对热带雨林植物的选择上，我几乎毫不犹豫地选择了天南星科的蔓绿绒属植物，也叫喜林芋。

在南美，蔓绿绒可以说是真正的优势物种。无论高山云林，还是低海拔灌木林，它们遍布每一个角落。对于蔓绿绒的喜爱，是源于我最喜欢的叶背螳，它们总是栖息在蔓绿绒植物之上。在研究、探寻蔓绿绒的过程中，我完全被这种美丽的天南星科植物迷住了。山路的两边，蔓绿绒和另一种天南星科植物花烛（*Anthurium*）长满了几乎每一个角落。

作为一个热带雨林爱好者，在富有南美雨林特色的蔓绿绒海洋中遨游，心中的惬意自然不言而喻。

蔓绿绒分为附生型和地栖型两种。附生攀缘型蔓绿绒会顺着树干往上爬。

很快，这种惬意就被打散，甚至消失得无影无踪。

这一条路要经过很多次山脊，而山脊的两旁不再是茂密的丛林，而是陡峭的悬崖。

我的心一下子提到了嗓子眼，这可不是开玩笑的。

然而更加沉重的打击还在后头。由于山路陡峭，车辆下坡时有很明显的失控感。轮胎在铺路的大石块上摩擦，把车子歪歪扭扭地带了下去。

一路不知道经历了多少次令人心惊胆战的溜坡和转弯，我们终于开到了山脚，来到了通向小木屋的丛林入口。Chris 和 Loius 刚好从山上下来，Chris 老远看到了我的车，做了一个孙大圣向远处看的猴子动作，配上他瘦瘦的身形，显得毫无违和感。

这条通向小木屋的路依旧和记忆中一样。泥泞的小道上，每一个脚步都是一篇回忆录。我不知道在这条路上行走了多少次，从第一次的激动兴奋，到每一次离开的不舍，再到今天的"归乡"。每一棵灌木，每一株树木，仿佛都在欢迎我的归来。

是的，我回来了。

一切都没有变样。

"所以，Jason，你又是为了螳螂而来？" Chris 帮我们安置好行李，坐在木屋门口的石凳上，掏出一根烟。

"哪有，我是为了这个地方才来的。当然，也是为了螳螂而来。"

"我相信你会有好运的。你看上次，最后一天你还是成功了。"

"哈哈，我可不敢保证。"

我们闲聊了几句，Chris 上小木屋二楼去拿东西。我坐在木屋门口的台阶上，喝着 Loius 给我们榨的果汁，心早已飘到了小木屋背靠的大山里。

"Jason！"

Chris 的声音从楼上传来。我抬头一看，他从二楼探出头来看我。

"我想你今天的运气确实不错！"

我的心开始狂跳起来。

小木屋地处原生林和次生林的交界处，边上就是一片原始森林。夜晚屋内灯光明亮，小木屋本身成了一个吸引昆虫的场所。尽管过去的两年我并没有见到叶背螳在小木屋出现，但是 Chris 很清楚地告诉我，曾经有一只叶背螳就站在我每天吃早饭的餐桌上。

我几乎是连滚带爬地冲上楼。或许是一只雄性叶背螳吧，被昨晚的灯光吸引了过来。也或许是 Chris 看错了吧，我怎么可能有这么好的运气。

我冲到了二楼，Chris 站在吊床边，指着去年被我躺过好几次的白色沙发，我的心提到了嗓子眼。

我看到一只雌性叶背螳就站在沙发的扶手上。由于我的移动，它感到了紧张。它把身子微微倾斜地紧贴着沙发表面。

这真是一只完美的螳螂。它的身上似乎"油漆斑斑"。可能这只雌性螳螂在野外生活太久，苔藓、藻类、地衣在它那宽广的背板上生长，让它更像叶片了。

一只雌性螳螂费劲地从丛林爬到木屋里，肯定不是单纯地路过而已。我轻轻地撩起她的后翅，发现它的生殖器上粘着一点细碎的

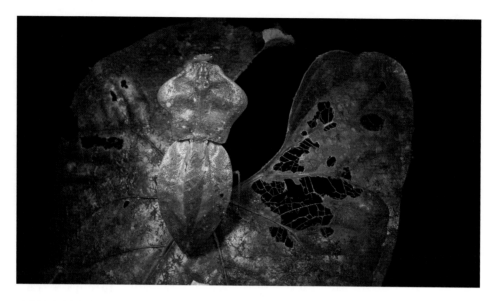

叶背螳的寿命很长，以至于它的背上长满了藻类和地衣。

"泡沫渣"。果然，这只雌螳螂是在附近产卵了呢。它一定为了给后代选择一个安全的环境而跋涉了许久。卵在野外既要防止被太阳暴晒，也要避免被雨水敲打。小螳螂出生后需要极高的湿度来帮助它们完成生命中的第一次蜕皮，所以螳螂产卵的方位选择非常重要。

尽管已经两天没有睡觉，但是发现叶背螳带来的兴奋赶跑了我所有的疲倦。

小木屋沐浴在亚马孙的雨季里。屋外下起了暴雨，雨水好似瀑布一般从屋檐上落下。尽管没有打雷，我的内心却好似突然被雷电击中一样。

我们从小道开下来的路，已经出现了半边塌方的情况。万一暴雨冲刷掉更多的路基，就会造成更严重的塌方，那是我绝对不想看到的。

暴雨下了两个小时后，天空便开始放晴。晚饭后，我一直考虑要不要趁着天晴把车先开到大路上，再顺着卡内洛斯村庄的那条路下来，把车停在我以前停的位置。

我大致地和王总讲了一下我们晚上的行程安排。

从小道下来的时候，我们已经仔细地观察了周围环境，一路上有很多险要的路段，但是也有被森林环绕的林间小道，所以我们打算一路开车一路夜探上去。但是，我大大地低估了困难的程度以及高估了我的驾驶能力。

在遇到一个长上坡时，车子冲到一半的时候打滑了。车子陷在泥里无法继续上行，于是我只好倒车到坡底准备做加速尝试。但倒退下来时，石头不断地被轮胎挤压而下落，车辆开始不受控制。

"小心！后边就是悬崖了！"王总喊了一声。

我一个猛烈的急刹车，车子好歹停住了。原来车尾早就被滚落的石头带离了原本的方向，后面几米就是悬崖。

远处的太阳已经落下，在深蓝色的光线下，能模糊地看到远处的亚马孙平原丛林。一轮明月已经升起挂在空中。

我们根本没有心情看这样的景色，王总不得不下车帮我扶着车尾，我才顺利地倒退回坡底。

可是，无论我们冲刺多少次，轮胎总会在半途打滑。高频的摩擦声伴随着橡胶的焦味，让我们的心也越来越凉。

"怎么办，要不还是退回去，打电话找救援？"

漂亮的盲蛛。

"可能只有这一个办法了。这才第一个坡，后面还有好几个，真不知道怎么办。还有那一段就比车子宽一点的道路，一不小心就会掉下去。"

我能明显感受到自己声音的颤抖。

即使独自一人在丛林里遇见美洲豹，我也没有如此恐惧。

此时我感觉到的，是一种无论如何尝试都没法成功的无力感。

我把车子倒退到坡底，并且继续退了很远。

"王总，我们最后试一次，上不去我们就回去了，找救援吧！"

"行吧，再试一次！"王总有点担心。

我又何尝不担心呢？我的手心已经开始冒汗。

我把车挂到一挡，踩死了油门。车子发动机发出一声悲鸣，轰

在丛林里，这只枯叶螽斯（*Typophyllum bolivari*）绝对是拟态的王者。它的翅膀甚至模拟了叶片被其他昆虫啃过的痕迹。

的一声我们加速冲了起来。在坡上，石子不断地阻挠我们。在感觉快要失控时，终于，我们翻过了死亡之坡。

但是我却丝毫不敢怠慢。我继续在一档和二档之间切换着，生怕下一个意想不到的斜坡让我们前功尽弃。

而我最担心的，就是那一段只有五米不到，却塌方一半的路。一旦行驶中车辆稍有偏离，就会连人带车翻到悬崖之下。而能容我调整的宽度，只比车身宽了不到一米而已。

夜色也成为我的敌人。在黑夜里，就算开着远光灯，能见度也极其有限。我踩油门的脚仿佛随着车的颠簸一起发抖，王总也是紧张得一句话都说不出来。

当我看到那段路时，我距离它只有十米不到了。来不及进行任何调整，我的速度也没有丝毫减慢。在刹那间，我对准了中间，加速冲了过去。

当我冲过这最后一段死亡之路时，我发现，我握着方向盘的手早已被汗水浸得湿透，双脚也在不停发抖。我长吁一口气。

"王总，今天你把命都交给我了，谢谢你的信任。"

斜坡惊魂已经过去，漫长的夜晚这才来到。重新回到海拔一千米的高原，气温又开始变得寒冷。雾气弥漫在丛林中，动物们并不知道丛林外的人类刚刚经历了什么。它们依旧在开心地歌唱、蜕皮、捕食，以及交配。丛林的夜晚一切如常。

从山的另一侧下来，那是我熟悉的山道。潮湿的空气中弥漫着动物们的燥热。我从来没有在晚上走过这条路，因为它距离小木屋实在太远了，以至于我真的不想每天步行两千米后还要驱车前往这片山林。不过，既然来了，我们可不会放过这一片森林。高海拔的丛林中，亚马孙源头的泉水源源不断地从山上落下来，林下的瀑布声很响，但依旧无法盖过鸣虫们狂热的叫声。尽管大多时候都是只闻其声不见其虫，这也是林下探索的乐趣。

蔓绿绒生长得更加茂密了。在这种半阴的环境下，天南星科植物宽大的叶面展现了它的优势。它吸收着并不充足的光线，充分地利用每一丝从树冠层透过的光线。

玻璃蛙正趴在蔓绿绒的叶子上。

　　在夹缝中求生存。这里的蔓绿绒的叶面，由于长期暴露在野外的环境中，和温室里、雨林缸里的蔓绿绒相比显得更加粗糙。叶片上布满了藻类、真菌、地衣和苔藓。每一片叶面似乎都是一个生物派对的现场。直翅目、螳螂目、䗛螳目争相占领着要塞，其他的生物也不甘示弱地在边上虎视眈眈。

　　在这林下的蔓绿绒海洋中，我和王总就互相鼓励，互相打趣，共同前行。在这夜色中，我们似乎重新认识了彼此。

吊桥日出，
梦境与现实的连接

这是我第一次在这座桥上等待日出，
伴随着晨雾消散的，
或许是这个尚未做完的梦吧。

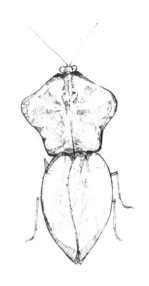

从卡内洛斯村庄到瓦拉维达小木屋，必须经过一座长达一百多米的吊桥。这座吊桥坐落在一条宽阔的大河上。这条大河的名字叫博沃纳萨。博沃纳萨是亚马孙河流的众多支流源头之一，它横穿帕斯塔萨流域，是当地重要的水源之一。

Canelo，在西班牙语中的意思是一种香料树，这是当地特有的一种树。Canelo 也代表着这一片区域的卡内

洛人。卡内洛人是古老的印第安人，在航海时代被入侵之后，卡内洛人也跟着欧洲人一起信仰起基督教。

卡内洛村庄依旧保留着原始的印第安风情。白天，我们来到村庄。村里人几乎从来没有见过亚洲面孔，对我们非常好奇。由于语言不通，我们之间的交流仅限于简单的西班牙单词和英文单词，更多的还是靠着国际通用语言——肢体语言来揣摩对方的意思。从整体看，当地人对外人都抱着非常友善的态度，无论是去村里的小卖部买饮料，还是向他们询问周边生物的分布情况，当地人总是非常热情地努力帮助我们。

我一直对两年前碰到美洲豹的那条路念念不忘。尽管 2018 年再一次回到这边，但是当时并没有前往探险。一方面我们的时间有限，另一方面也确实为了大家的安全考虑。但是这一次，我、王总和 Bill 决定去一探究竟。经过两年，我对那条路的好奇心也逐渐升温。

晚餐用毕，我们拿上装备出发了。

雨季的路相比于旱季更加难走，每走一步就陷进泥里，是非常正常的事。当然，这无法阻止我们前行的脚步，大家都是经历过亚马孙狂野的人，这种难度的山路对我们来说完全不在话下。

通向美洲豹之路（不好意思，就让我这么称呼它吧），由于常年无人行走，其毁坏程度是非常恐怖的。我们不得不经常停下来，由我去寻找密林中到底哪个方向才是要行走的路。我甚至一度疑惑自己两年前是如何一个人走出这片丛林的。

随着海拔的升高，谷底那种闷热的感觉渐渐地退去，微风吹过，凉爽极了。我仍然不敢掉以轻心，就算我们有三个人，美洲豹也完全可以袭击我们其中一个并且全身而退。三个人行走无非是给自己一个心理安慰而已。

尽管如此，雨林里那些惊艳全场的昆虫，依旧是今日的主角。

"快来看，这是一只箭毒蛙！"

我朝着王总和 Bill 吼道。Bill 非常喜欢蛙类，他冲了过来。

"我的天，这是火箭箭毒蛙，很稀有的！"我第一次看到 Bill 如此兴奋地大喊。

火箭箭毒蛙（*Silverstoneia sp.* ）。

    这只箭毒蛙的头部是暗红色，身体是由蓝色到红色的渐变色。我们还可以隐约看到它的腹部是淡蓝色的。

    这只箭毒蛙静静地站在一片花烛的叶子上，似乎正准备开始夜晚的征程。

    告别了箭毒蛙之后，我们继续前行。我是个话痨，虽然大多数徒步的时间我都是独自一人，但是一旦有朋友同行，我总是止不住聊天的欲望。

    "这山地真是太难走了！"我抱怨道。

    虽然我走过比这还要难走的山路，但是在夜晚探险，并不是路越难越能吸引我。

    好在周边的植被非常丰富。

    由于雨季还没有过去，一方面我们要担心随时可能下的暴雨，另一方面，动物们分布得相对分散，不会像旱季那样，都集中到森林里相对潮湿的地方。所以我们的每一步，都有可能发现新的惊喜。

    我们从一个斜坡下来。

    "我感觉这一片林子里的东西好像也不是很多呢。"说完，我回头看向他们俩。

这一回头，发现了一只我梦寐以求的螳螂。

这是一只长旌螳。在全世界的范围内，还没有人能够饲养繁殖它们。原因无他，只因为在野外，实在是太难找到它们了。

尽管我在两年前曾经发现过一只雌性南美枯叶螳螂，但是单独的雌性若虫也就意味着我没办法让它繁殖。虽然有些雌性螳螂有着孤雌繁殖的行为，但大多数雌性螳螂还是需要与雄性螳螂交配后才能繁殖的。

这是一只看上去有一点年纪的雌性枯叶螳。它优雅地挂在叶子上，仿佛一阵风吹过后，会随着风飘走。

这条路如今走起来显然比当年我一个人行走时要快不少，是因为有朋友结伴而行、互相打趣让我们忘记了时间的流逝。我们走了将近五个小时，终于从山的另外一边绕回了山下通向小木屋的道路。

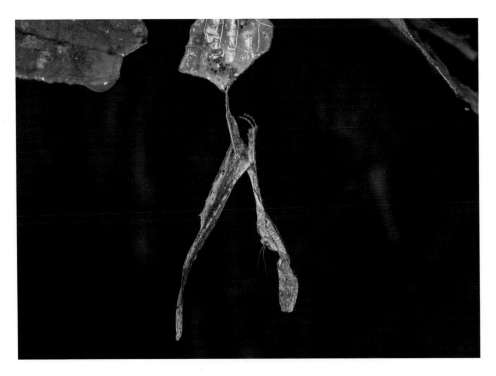

长旌螳是稀有螳螂，能在野外发现它是一种幸运。

小木屋的灯光在漆黑的丛林中吸引了周边大多数的昆虫。很多时候，我们不需要行走太远，就能在住处的四周发现各种各样的昆虫。

这个苔藓螽斯是最常见的。由于雨林中湿度很大，叶面上很容易附生各种苔藓、真菌和藻类，所以许多昆虫就干脆拟态成苔藓，可谓"一招鲜吃遍天"。

Bill 和王总已经累瘫了，准备回去休息。我在小木屋中躺了片刻，还是决定拿起相机一个人走向卡内洛斯。凌晨，我自然不是想去村庄里找村民要什么东西。我走到博沃纳萨河边，已是早上 5 点，我坐了下来。尽管只过去了两年，但是和第一次来相比，我的体力已经大不如前。我经常锻炼，但也无法阻挡岁月悄悄地带走我的体力和耐力。

我并没有在开玩笑，虽然我未满三十岁，但不得不说，时间有其不可逆的性质，永远会使人感觉，它实在是走得太快了，快到有太多太多的事物我们无法抓住。人在二十岁的时候，新陈代谢就会慢慢地变慢，而到了二十五岁以后，身体的机能也会逐渐下降。这两年体现在我身上的变化，尤其明显。

我坐在河边，听着河流奔腾的咆哮声，听着河边灌木丛中螽斯高亢的歌唱声，听着空气中风拂过树冠层的沙沙声。天空没有一丝云，我可以清楚地看到银河悬挂在上空。在地球的另一端，我的祖国正是傍晚时分。我远在中国的朋友们看到的将要下山的夕阳，已经微微地把我这边的东方夜色撑开了一抹鱼肚白。

鸟鸣声使我从恍惚中清醒过来。天空就像蓝色的布染上了橙色的颜料一般。

这并不是我第一次在亚马孙丛林看日出，但却是我第一次在亚马孙丛林欣赏日出。

丛林里，雾气顺着高大的树木缓缓地升起，宛如仙境。吊桥上洒落着露水，一片祥和。太阳从亚马孙丛林的东侧缓缓升起。虽然躲在云雾的后面的太阳显得有些羞涩，但是那金红色的光芒却冲破水雾，散射到我头顶的天空。冷暖交织的天色伴随着博沃纳萨河流的流水声，我的内心无比平静。感谢亚马孙带给我的早安问候。

吊桥的另一边，卡内洛斯村庄的人们已经早早地起床。从古至今，他们的生活并没有很大变化。都市的快节奏并没有太多地影响当地

朝霞之下的吊桥。

的村庄。

我不知道我是否想回去，并不是我不愿意面对繁忙的工作，而是我不想把自己置身于都市的节奏之中。在城市里，一切显得如此现实。大家都在为了现实目标而努力，尽管这些目标也许并不是大多数人内心真正想要的东西。

我们总喜欢说，"等我有钱之后怎样怎样"或者是"等这段时间忙完了怎样怎样"。话中透露的更多的是无奈，以及对现实的妥协。每天朝九晚五的生活，对很多人来讲只是一个固定的模式。在时代的潮流下，又有谁能保证自己一直追随内心呢？

我从河岸边起身，行走在吊桥上。我已经记不清这是我第几次在这座桥上行走了。我还记得第一次来到这里的时候，天色已暗，Chris第一次在桥对岸迎接我。那时候跟着他走过这座吊桥，我丝毫不知道它是什么样子。博沃纳萨河水声震耳欲聋，我以为这只是山林中的瀑布而已。直到离开时，我才知道这座桥比我想象的要气派得多。走过吊桥，是一条在两片丛林中间的道路。

它就像一条迷宫，先在入口处给你上一道小菜，让你浅浅地品尝进入丛林的滋味。

　　随后经过大约一千米的路程，主菜就上来了。小道通向丛林深处，道路的两边长满了灌木，在其中行走需要分外小心，否则随便一棵小棕榈都可以在我的腿上留下一片鲜红的痕迹。

　　大约再走几十米，是一片原生林与可可园交错的次生林。这里是林间比较低洼的地带。由于目前国际经济形势一般，厄瓜多尔的可可销量并没有跟上产量，这一片可可园也处于接近荒废的境况。因为是雨季，每天都会下雨，所以这里的泥土松软、泥泞，路非常不好走。

　　再接下来，是一座独木桥。这独木桥非常狭窄，稍有不慎就很容易掉到下面的小溪里。不过好在小溪很浅，所以走起来并没有什么压力。走过独木桥，最后是一段难度系数颇高的台阶。每次攀登这一段台阶都需要极大的毅力。倒不是因为它有多高，只是太陡峭了。最后，穿越重重障碍来到了小木屋。

　　Chris 和他的表弟 Vitus 早已起床给我们做起了早餐。

"Jason，你又没有睡觉。"Chris 叼着香烟看着我。

"睡觉太浪费时间了。"我放下了相机。

"早餐马上就好了。"他猛吸了一口烟。

"所以，你还打算卖掉这里吗？"

"Hmm，并没有太多的人感兴趣，或者说，有很多人感兴趣，但是买又是另一回事了。"

"你肯定会想念这里的生活的。"我说。

"现在我表弟来了，所以一个月里我至少有一半的时间可以去基多陪陪我的家人。"Chris 扭扭鼻子，掐灭了最后一段烟头看着我，"Jason，你说过要带你太太一起来玩的。"

"你知道的，她不喜欢潮湿，但是我保证她会喜欢这里的。"

我们闲聊着，金色的阳光透过树冠层洒向小木屋。

我没有办法形容这种幸福，内心如同早晨鸟儿们的歌声一样，清澈，喜悦。在亚马孙的清晨里，所有的一切都如同梦境一样。而架在博沃纳萨河流上的吊桥，不正是连接梦境与现实的桥梁吗？

凤冠蟾蜍倔强地抬起头，仿佛知道我在拍摄它一样。

想到这里，我回到小木屋内，扛着电脑采集是我经常被吐槽的一点。当然我很高兴能够及时地记录下自己此刻的心情。我应该如何把我在梦境中的感受编织成下一个故事呢？也许，就从密林里的那些事儿开始吧。

后 记

　　自从 2011 年家里配置了第一台佳能 60D 之后，我便开始拍摄自己在野外所见，以及在室内所饲养的昆虫。这种记录对我来说是简单、快乐的。我学习光线的角度和柔光程度，不断地捣鼓如何才能拍出清晰美丽的昆虫照片。2012 年末，我决定把拍摄的满意的照片整理起来，并且萌发了写一本书的想法。这个想法在当时还显得很稚嫩，我并没有想好到底如何去展现这些美丽的生物。

　　2014 年，我开始了较为艰苦的野外科考活动，并且持续记录每一次的所见所闻。当我把照片保存下来细细品味时，已经是 2016 年。看着这三年来拍摄的上千张照片，我有了更大的动力与激情。2016 年也是我开始进行单人美洲雨林考察活动的第一年。一个人在深山老林里徒步，很多人问我怕不怕，老实说，更多的是兴奋与激动。世界那么大，如果我们不去寻找那些散落在地球各处的美丽生物，岂不是太浪费这个世界的美丽？

　　2019 年，我开始着手写这一本《森林密语》。回顾我八年来的摄影经历和野外经历，这更像是一场记忆之旅。记忆中的那些经历，包括和一起考察的朋友在野外互相鼓励，检查对方身上是否落了毒虫，以及发现我们的梦想物种之后的喜悦，在多年之后回想起来依旧能让我心潮澎湃。独自在丛林里徒步数个小时，发现自己梦想的物种叶背螳之后的那种内心的狂喜，就如同一坛老酒，无论我回味多少次，都感到兴奋，浑身充满能量。

　　在写大部分文稿的时候，我正坐在亚马孙的丛林小屋里。屋外自然的声音赋予了我写作的灵感。没有什么比沉浸在大自然中写着大自然的故事更让人着迷的了。

作　者

2019 年 10 月